铁甲忍者

龟与人类文明

[英] 彼得·扬◎著　李庆学　张玉亮◎译

清華大學出版社
北　京

北京市版权局著作权合同登记号 图字：01-2021-4876

图书在版编目（CIP）数据

铁甲忍者：龟与人类文明 /（英）彼得・扬著；李庆学，张玉亮译 . — 北京：清华大学出版社，2021.11
ISBN 978-7-302-59334-8

Ⅰ . ①铁… Ⅱ . ①彼… ②李… ③张… Ⅲ . ①龟属—通俗读物 Ⅳ . ① Q959.6-49

中国版本图书馆 CIP 数据核字（2021）第 215236 号

责任编辑：肖 路 王 华
封面设计：施 军
责任校对：欧 洋
责任印制：沈 露

出版发行：清华大学出版社
网 址：http：//www.tup.com.cn, http://www.wqbook.com
地 址：北京清华大学学研大厦A座 **邮 编：**100084
社 总 机：010-62770175 **邮 购：**010-62786544
投稿与读者服务：010-62776969, c-service@tup.tsinghua.edu.cn
质量反馈：010-62772015, zhiliang@tup.tsinghua.edu.cn
印 装 者：小森印刷（北京）有限公司
经 销：全国新华书店
开 本：130mm × 185mm **印 张：**5.625 **字 数：**117千字
版 次：2022年1月第1版 **印 次：**2022年1月第1次印刷
定 价：49.00元

产品编号：087967-01

目　录

阿尔伯特·范德·埃克豪特（Albert van der Eeckhout），
《两只巴西龟》（*Two Brazilian Tortoises*）（创作于 1640 年）。

第一章　慢吞吞的生存王者

龟看起来外表沧桑，也确实非常古老，可以说是一种神话级的古老生物。它们是现存的最古老的陆地爬行动物，化石遗骸已证明了这一点。龟是水生动物向陆生生物进化的现存证据。大约在 2.8 亿年前的石炭纪后期，森林沼泽中腐烂的植物开始形成煤炭，爬行动物开始出现在陆地上并进行繁衍。

爬行动物是逐渐进化成的一类可在干燥环境中生存的动物。鱼鳍进化成强壮的四肢，同时还长出坚韧的皮肤以及可以咀嚼植物的下颚，此外，它们的卵可以保存很长时间。爬行动物的出现改善了自然循环系统。例如，这些动物以植物为食，未被其肠道消化的植物种子会随着它们的代谢排回自然环境，这些植物的生长又会为动物提供更多的食物。它们终止了海洋生物在动物王国中的统治地位，并且称霸的时间很长，大约可追溯到 2.45 亿年前到 6500 万年前。很多在该时期灭绝的物种，如今只能通过博物馆展出的骨架或者虚拟重建的模型来了解了。龟大约已经存在了 2.25 亿年，它们是活化石。这种自强不息的生物，在漫长的岁月里经历了无数的剧变，仍然在全球范围的地质变化、火山活动和气候演变中存活了下来。

龟类存活至今的原因不难理解。因为它们拥有一副很

龟跟化石从外面看很相似。

显眼的外部骨骼，就是包围它们身体的龟壳。这是经过漫长岁月进化而来的。最初，这类生物为了保护身体而生长了一系列角质板或鳞片。为了应对威胁，这些组织逐渐变大，最后连接成一体，变成我们现在所熟知的龟壳。在这个过程中，后背和前胸的皮肤和肌肉逐渐萎缩，直至骨骼附着在龟壳上。最终，大多数内部骨骼和龟壳融为一体，仅留头部和四肢的骨骼可以自由活动。

大多数龟都有一个圆顶外壳，这个外壳非常坚硬。德语的乌龟“schildkröte”一词可直译为“有壳的蟾蜍”，匈牙利语的乌龟“teknösbéka”可直译为“碗蛙”。在科西嘉语中，乌龟（cupulatta）这个词既呼应了它的形状，又暗示了它爬行的步态。圆形龟壳让捕食者无所适从，很难捕食它们，但是这个构造也有缺点。如果龟在爬行时反向跌倒的话，那它们能做的便只是在空中无助地挥动四肢，希望能把自己翻过来，但它们需要通过外力才能翻过来。当然，饼干龟除外。凭借扁平的龟壳和敏捷的动作，饼干龟在背部着地时可快速将自己翻过来，这在其东非的自然栖息地时常发生。

龟壳是由紧密连接的角质板构成的，也称为盾甲。随着龟体形的增大，龟甲也会相应地变大。在动物王国的所有保护措施中，这是一种可靠的保护方式。虽然确实可以阻止很多捕食者，但这并不是万无一失的保护方式。龟壳的作用与士兵的头盔很相似。罗马历史学家李维（Livy）引用了提图斯·昆提乌斯（Titus Quinctius）在公元前191年对亚该亚人的演讲：

龟壳的防护是有效的。龟已在这种防护下存活了亿万年。

……就像龟一样，当所有部位都藏在龟壳下时，它可以抵抗所有袭击，但是当它任意部位伸出龟壳时，就将成为弱点，受到敌人的攻击。

跟士兵一样，龟也经常伪装自己。为了提高安全性，龟壳的图案会跟生活环境非常类似。例如，小埃及龟的外壳是黄褐色的，而所谓的希腊龟看起来更像棕色的泥土。龟的下壳（腹甲）的颜色一般比较浅。

幼年龟的软壳存在一定的风险，例如远在印度洋和太平洋海岛上的巨型龟。这种龟在遇到人类之前没有天敌，因此在进化过程中骨质硬度大大下降，没有进化出特别坚硬的龟壳。尽管如此，这类龟还是可作垫脚石的。据说，在加拉帕戈斯群岛上这种龟比比皆是，人们甚至可以踩在这些龟背上走很长的一段距离。

当第一只非洲饼干龟被发现时，人们还以为它发育不

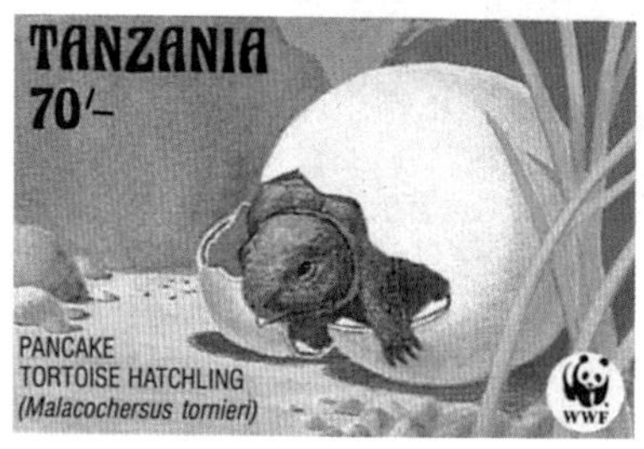

为了躲避捕食者，饼干龟（pancake tortoise）成为东非一种比较善于伪装的动物。

全，或者存在缺陷。它的龟壳扁平，高度不足4厘米，并且龟壳柔软，会在压力下弯曲。它可以敏捷地攀爬，主要生活在肯尼亚、坦桑尼亚（包括塞伦盖蒂国家公园）的岩石边坡上以及非洲东南部的火山石上。当它们受到威胁时，可以快速逃跑找到藏身处，而不是缩回自己的龟壳。轻薄的龟壳可以让它们快速奔跑。它们躲藏在岩石的缝隙下，像牛蛙一样通过深呼吸撑起上下外壳，把自己卡在缝隙中，因此其他动物很难把它们抠出来。

非洲中部和南部的钟纹折背陆龟通常会在休息时将头缩回龟壳前端。为了保护后肢及尾巴，它们的背甲后半部有枢纽关节可以折合。该关节位于第二和第三缘盾之间，龟壳的后半部分可在遇到袭击时通过关节折合。北美箱龟的龟壳则可以完全闭合。

西德尼·史密斯（Sydney Smith）（1771—1845年）牧

钟纹折背陆龟（Bell's hinge-back tortoise）生活在中非干旱的大草原中。

师曾诙谐地说："龟壳使龟变得麻木笨拙。"当一个孩子弯下腰去抚摸龟壳时，他问孩子为什么要这么做。那孩子答道："为了让乌龟开心呀。"西德尼答道："哼，那你还不如去抚摸圣保罗教堂的圆顶，好让教长和牧师高兴呢。"

在遇到危险时，乌龟会快速将脑袋和四肢等柔弱部位缩回壳里。挺胸龟的习性也是如此，其龟壳的前端孔洞极小，暴露在外的前腿上有厚厚的鳞甲保护。

由于没有耳孔，龟的听力不佳。因此，当18世纪的博物学家吉尔伯特·怀特（Gilbert White）（1720—1793年）用扩音器大声呼唤他的宠物龟蒂莫西时，蒂莫西"似乎并没有意识到这些噪声"。它们要是突然移动，便预示着危险来临，尖锐的"嘶嘶"声则是发出的警报。1835年9月，查尔斯·达尔文（Charles Darwin）（1809—1882年）在加拉帕戈斯群岛上发现了这个巨大物种，他写道：

> 当地居民认为这些龟完全听不到声音，因此它

北美箱龟(American boxed tortoise)关闭的前端。

豹纹陆龟(leopard tortoise) 生活在苏丹、非洲之角，以及好望角、西南非洲的北部地区和安哥拉的大草原，其斑点不会随环境变化而变化。

们也不会发现从背后慢慢靠近的人类。这些大怪物十分搞笑，如果人类只是跟在它们身后，它们会一如常态地缓慢爬行，但在人类从它们身边走过时，它们会迅速地把头和四肢缩回壳里，发出“嘶嘶”的声音，然后伴随着一声巨响，龟壳重重地落在地上，就如同死了一般。我经常会站在它们的背上，然后敲一敲龟壳的后端，它们便会站起来开始爬行，不过很难在它们背上保持平衡了。

这种巨型陆龟还有一个优点，就是可以伸展其脖颈和四肢，让鸟类为它们啄食掉寄生虫。例如，加拉帕戈斯象龟（Galapagos tortoise）身上有扁虱，而雀类则以这些扁虱为食。

龟一般生活在气候温暖的地方，因此除大洋洲之外的所有大陆均有龟类的生活轨迹。作为冷血动物，或者更准确地说是变温动物，它们依靠周围环境来保持体温，在寒冷时寻求温暖，在过热时躲避高温。例如，北美哥法地鼠龟（gopher tortoise，源自法语 gaufre，意为“蜂巢”），其显著特征是暗淡扁平的龟壳，它们一般生活在美国南部的干燥沙地里，该地区白天的高温让人很难忍受。哥法地鼠龟每天大部分时间都待在自己挖掘的洞穴中，它们前肢扁平，有重甲保护，很适合掘土挖洞。据记载，乌龟开挖的地道有时会超过 12 米。地道的末端就是它们的窝，里面保持着相对稳定的温度和湿度。当发生森林火灾的时候，地道便成了它们的避难所。蛇、青蛙、猫头鹰和啮齿类动物会在迷宫一样的地道中躲避。哥法地鼠龟便是其中一例。

奥斯瓦德开始昏昏欲睡了

哈皮给奥斯瓦德催眠

J. F. 霍拉宾（J. F. Horrabin）在《贾费特和哈皮》中创作了许多栩栩如生的角色。上面的连环漫画就以乌龟的“睡眠”为主题。

它们的生活方式在迪士尼的奥斯卡获奖纪录片《沙漠奇观》（*The Living Desert*）中有详细介绍，它们一般会趁清早比较凉爽的时候出来进食多肉植物。

在自然生态环境中，乌龟花很多时间休息。它们会排空消化道，防止毒素在体内积累，然后在冻土下冬眠几个月，因为霜冻会让它们失明。寒冬漫漫，它们在蛰伏期静静地睡着，对外面的冰雪风暴毫不知情。在北半球，它们的圣诞节就在睡梦中安静地度过。在英国，很多野生龟会在威尔士的一个高尔夫球场的沙坑里冬眠。冬眠过后，它们醒来后的感觉我们是无法体会的，但我们可以体会一下埃德加·爱伦·坡（Edgar Allan Poe）（1809—1849 年）在

《过早埋葬》(*The Premature Burial*)(1844年)一文中的描述:

> 新纪元到来了(我们的“新纪元”经常每年都有),我从全然无知的混沌状态感觉到一丝模糊的、微弱的存在感。慢慢地(是龟速级别的“慢”),暗淡阴沉的黎明在我的精神世界中渐渐苏醒。那种迟钝的不安,那种麻木的隐隐的痛,无牵无挂、无欲无求、无动于衷……过了很久后,我感到了一阵耳鸣;又过了更长一段时间,四肢传来一阵麻麻的刺痛感;随后是一段漫长的意犹未尽的沉寂,苏醒的知觉艰难地进入我的意识;然后又陷入短暂的混沌状态,再就是突然重获新生。最后,眼睑轻轻颤抖了一下,一种莫名的死一般的恐惧感随即袭来,像触电一般,血液便像一股洪流从太阳穴注入心脏。现在我开始主动去想……现在我开始努力去回忆……现在我想起了一些转瞬即逝的片段……现在记忆占据着我的大脑,在某种程度上我甚至知道了自己此时的状态。我感到自己不是从普通的睡眠中醒来。我回忆起我一直处在全身僵硬的状态。

对很多乌龟爱好者来说,乌龟从冬眠中醒来是每年一度的奇迹。在荒野中乌龟有6~10周(在较冷的气候下有的宠物乌龟甚至长达半年时间)不吃不喝,它们长期不动的四肢居然没有坏死或变虚弱。年复一年,它们就这样一丝不苟地遵循着生命周期。在冬眠之前的几周里,它们便

1947 年，圣赫勒拿岛迎来了史上唯一一次执政君主的登岛拜访，英国国王乔治六世（King George VI）向乌龟乔纳森鞠躬问候。随行的王室人员现在在世的就只有伊丽莎白女王（Queen Elizabeth）了。1953 年，她继承了王位。乔纳森在 1998 年和 2003 年成为五便士硬币和邮票的图案。

停止进食，把体内各种废物排空，使其不会在体内腐烂。然后它们便用像挖掘机一样的前肢挖一个洞准备过冬。

夏天，它们在晚上和白天较热的时候睡觉。在温暖但不太炎热的地方晒太阳是它们最喜爱的消遣方式之一。靠着高度发达的生物钟和对环境温度的适应能力，它们的季节性规律生活和日常活动都很节省体力。1924 年 L.P. 沃尔科特（L. P. Walcott）牧师在圣赫勒拿岛的总督府遇见了传奇乌龟乔纳森，这只乌龟据说在拿破仑 1815 年至 1821 年流放到该岛的时候就已经存在了，沃尔科特巧妙地描述道：

> 我对这只乌龟说：“你大约能活多少年啊？”
>
> “大约 200 年吧。”乌龟回答道。
>
> “这可是很漫长的岁月啊。”我对乌龟说。
>
> “也没多久吧，”它说，“因为大部分时间我都在睡觉。”

沃尔科特还描述道："当它看着这群人如同蝴蝶般在草地上飞来飞去的时候，它那双明亮的眼睛和布满皱纹的脑袋里积累了丰富的经验和智慧。"事实上，这只来自塞舌尔的巨龟乔纳森是在 1882 年才来到圣赫勒拿岛的，那时拿破仑已经去世 61 年了。19 世纪到达圣赫勒拿岛的巨型乌龟有 3 只，但仅有乔纳森活了下来。乔纳森抵达圣赫勒拿岛时已经成年，这就意味着那时它已经大约 50 岁了。

1959 年，圣赫勒拿岛的总督詹姆斯·哈福德爵士（Sir James Harford）曾写过一篇有趣的文章来介绍乔纳森：

> 它是其他动物所不能比拟的，古老长寿的象征非它莫属，或者我们可以称其为地球动物王国的元老……它"统治"的特点是极度的迂缓从容和一成不变。它一天中极少移动，如果以它每小时半英里[①]的移动速度来计算，那每走一步，四肢要花费数秒钟才能完成动作。同乔纳森生活多年后，难免会对它产生深厚的感情——但是这种感情不会产生回报；它看上去那么超脱，几乎没有任何情绪。它的情绪极其稳定，令人艳羡，兼具罗马人的沉稳庄重和英国人的镇定冷静……乔纳森的形象给人留下了深刻的印象：怪异、耐心、沉重、古老的食草动物，与它所在的这片广阔绿地相得益彰。它已经适应了海岛的平静生活，每天悠闲地四处攀爬游览，累了便小憩一会儿。

① 1 英里 =1.609 公里

它平常会在小牧场角落的水槽里饮水和洗澡。在种植园举行的总督年度游园会上，乔纳森的一只眼睛显然已失明了，它可能是被向导的制服所吸引，笨拙地朝向导爬去。它喜欢受到关注。1988 年，它的形象出现在当地的硬币上。

乌龟的构造具有防护作用。在冬眠的几个月里，它们滴水不喝。罗马作家老普林尼（Pliny the Elder）在他的《自然史》（*Natural History*）中写道：

> 还有一些乌龟生活在陆地上，因此它们常被收录在介绍陆生物种的著作中。它们多生活在非洲最干旱荒凉的沙漠地区，据说是以露水为生。鲜有其他动物在那里生存。

查尔斯·达尔文在加拉帕戈斯岛的五周时间里近距离地观察了这类龟。这类龟的名字源自西班牙语的“淡水龟”一词：

> 这类龟生性喜水，需要摄入大量的水分，喜欢在泥地里打滚。只有较大的岛屿才拥有泉水，这些泉水通常位于岛屿的中部，海拔比较高。因此，经常在下游地区活动的乌龟，在口渴时不得不长途跋涉去上游饮水。从水源至海岸的四面八方，有很多宽阔而平整的小路。西班牙人沿路而上，才发现了这些水源。当我在查塔姆岛看到这些精心挑选的路径时，很难想象什么动物会如此有条理地行进。在水源附近能看到很多这种大怪物。那是一副令人惊

奇的景象，有的正伸长脖子向前爬，有的则是喝足了水要往回走。当这些龟抵达泉水边之后，便会心无旁骛地将头埋进水中，贪婪地饮用大量的水，频率大概是每分钟 10 次。我们知道青蛙的膀胱可以储存生存所必需的水分，乌龟似乎也是这种生理构造。因此，随着水分的摄入，这些龟的膀胱也随之膨胀起来。据说这些水会逐渐减少，但是也会逐渐变得不纯净。当地居民在下游地区无法找到饮用水的时候，通常会通过宰杀乌龟来解决，如果恰好这只乌龟的膀胱里储满了水，则问题便迎刃而解了。我曾看到过一只被杀死的龟，膀胱中的液体非常清澈，只是有些苦味。然而，当地居民会选择先喝心包中的水，他们认为这些水是最好的。

雌龟可随意减缓或者停止自己的产卵过程。在完成受精之前，雌龟可将雄龟的精子在体内保存长达两年之久。龟卵也会在差不多的时间内暂停发育。在食物不足的情况下，雌龟可以将龟卵作为养分重新摄入体内或停止产卵，直至它们的营养情况得到改善。龟卵一般为白色，呈圆形，一些小型龟的卵跟乒乓球的大小类似。达尔文曾测量过一个龟卵，其周长达到 18.73 厘米。

乌龟心跳缓慢，行动也同样缓慢。龟也因此成为缓慢运动的代名词，比如“龟步”或“龟速”。在莎士比亚的戏剧《暴风雨》（*The Tempest*）中，普洛斯彼罗（Prospero）对凶残丑恶的奴隶卡利班（Caliban）下达的第一个命令就是：“过来，你这只乌龟！”（第 1 幕第 2 场）。亚历山大·塞

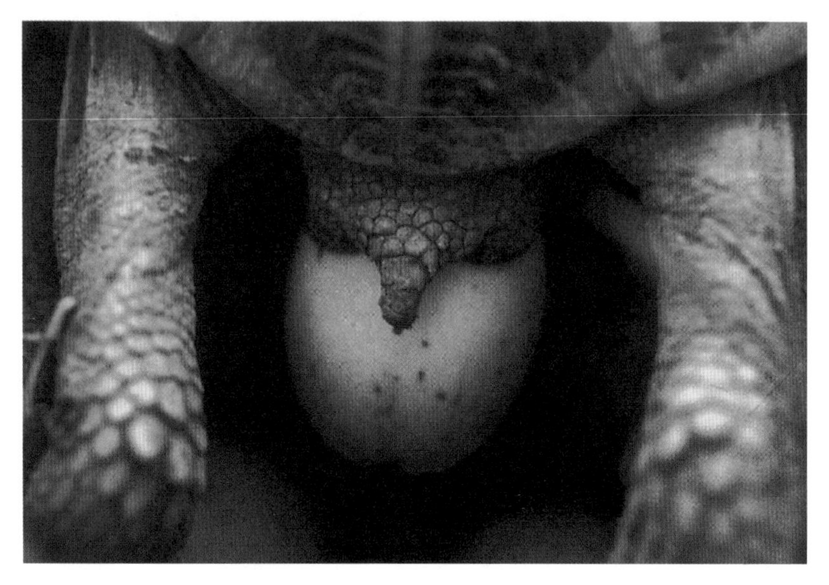

乒乓球般的龟卵。

洛克斯（Alexander Theroux）提出了“时针上的乌龟，分针上的野兔”（《牛津英语词典》中“乌龟”词条下）这种对比。“乌龟比赛”指的是最后一个到达目的地的人为获胜者的比赛。在《来自地球的信》（*Letters from the Earth*）中，马克·吐温（Mark Twain）这样评价性冷漠：

> 《圣经》根本不允许任何交配行为，不管人能不能克制。《圣经》也不管山羊和乌龟之间的区别——容易亢奋且情绪化的山羊每天都得有几次交配行为，否则就萎靡不振一命呜呼了；而乌龟则每两年进行一次交配，然后便会睡去，一睡便是两个月。

据报道，在雄龟开始交配后，雌龟可能会再进食一段

雄龟的凹形腹甲使它可以骑在雌龟身上。

时间才会发现。

温度越低，龟的反应越慢。然而在合适的温度下，龟可以快速移动，特别是在感受到危险的时候。达尔文在他的日记中写道：

> 龟在夜间朝既定目标前进的时候，会比预期的时间更早到达目的地。根据对标记的个体所进行的观察，这些居民认为它们可以在两三天内移动大约8英里的距离。我观察过一只大乌龟，它的行走速度是10分钟60码[①]，也就是每小时360码，或一天4英里，这还不算路上觅食的时间。

① 1码=0.914米

“疯子！！”——美国漫画家约翰·贝尔（John Bell）创作。

体形较小的龟速度会比较慢，所能运动的范围也较小。例如，一位女士曾在搬家时将饲养的龟忘在了旧宅，但是在 7 年后，她惊讶地发现那只龟出现在她 1.6 公里外的新家中。随着时间的推移，龟可以跨越遥远的距离。一只流浪龟从伦敦附近的亨顿机场中部返回了家中，它穿过了田野和沃特福德支路，爬上了堤坝，穿越了多条铁路，且在下坡的时候躲过了英国皇家空军的哨兵。

雄龟在交配时会发出兴奋的尖叫声，除此之外，龟基本上都是沉默的。虽然听觉不佳，但它们拥有发达的视觉、嗅觉和味觉，这些都会帮助它们找到合适的食物。它们嗅觉发达，可以闻到相当远的距离之外的成熟水果的香味。

龟的理想食物应该低蛋白、低脂肪，多糖、钙、磷酸盐和维生素。钙是形成龟壳和骨骼的重要元素，尤其是在幼龟的生长和雌龟产卵时期，在发挥肌肉功能等方面起着重要作用。毛茛、三叶草、蒲公英、金银花、大蕉、蓟和类似的野生植物可为龟类提供膳食纤维。作为变温动物，龟类只有在合适的环境温度下才能消化食物，最理想的温度是 20~32 摄氏度。超出这个温度范围，它们的行动就会变得迟缓，产生生理压力，食量变小，消化能力下降，还会增加患病的风险。在食物稀缺的岛屿上生活的龟类进化出了较长的四肢和高于脖颈的龟壳，这种身体构造使这些龟能够吃到更高处的植物，达尔文在加拉帕戈斯群岛上曾看到这样的场景：

> 那些生活在没有淡水的海岛上，或者其他地势低洼干旱地区的龟，主要以多汁的仙人掌为食。那些生活在高海拔和潮湿地区的龟以各种树木的叶子为食，比如一种酸涩的浆果（被称为加拉帕戈斯番石榴）和一种悬挂在树木枝头上的淡绿色丝状地衣。

众所周知，龟在寻找美味的叶子时会撞倒小树和灌木。

自然学家杰拉尔德·达雷尔（Gerald Durrell）（1925—1995 年）在喀麦隆采集标本时发现，当地的龟拒绝食用人类提供的成熟果实和嫩叶。一位当地的猎人告诉他，这种龟以一种生长在森林枯树干上的白色小蘑菇为食。投喂这种蘑菇后，这些龟慢慢开始食用投喂的其他食物，到最后已完全不吃这种蘑菇了，它们更喜欢吃成熟的芒果。它们也很喜欢香蕉，连皮都不放过。在野外环境中，这些食草动物还会食用骆驼、山羊和绵羊的粪便。

欧洲人常将乌龟当作宠物饲养，它们吃在野外很难找

这只刚孵化的小龟很快就能独立生活了。它们生活在亚马孙丛林中，可以长到 80 厘米长。

到的食物。在英国，有一只叫“斯诺德格拉斯先生”（Mr. Snodgrass）的龟。起这个名字是因为它喜欢吃草，除此之外，它还喜欢吃解冻的绿豆、草莓和覆盆子。它平时吃面包喝牛奶，但是更偏爱蘸牛奶带甜味的樱桃蛋糕。它喜欢的另一种食物是敲碎的蜗牛，这种食物富含钙质，看起来像是网球鞋增白剂。类似的食物还有骨粉，如压碎的牡蛎皮和磨碎的墨鱼骨等。网球鞋或涂指甲油的脚趾也常被它们误认为自己喜爱的水果。朱红色的清漆会被认为是西红柿。任何曾把手指靠近龟嘴的人都可以证明，龟拥有很强的咬合力，且不会轻易松口，会造成手指出血，同时还能留下清晰的下颚痕迹。

一只名为奥斯瓦德（Oswald）的龟非常喜欢吃冰叶日中花的叶子，但在红花菜豆成熟的季节，它会一直跟在主人身后索要菜豆吃，不过它更喜欢切成片的菜豆。还有一只龟特别喜欢吃金鱼草。其他深受乌龟喜爱的食物还包括：卷心菜的幼苗、成熟的黑加仑果、毛地黄和万盏菊的叶子。20 世纪 30 年代，曾有一位乌龟销售商以他的龟不吃生菜为卖点。

像人类一样，龟的饮食习惯也不尽相同，但是你可从饲养员、爬行动物饲养指南、兽医或者其他相关资源那里获取一些饲养它们的有益建议。黄瓜和生菜因富含水分而备受青睐。罗莎红这一品种的生菜富含高效抗氧化剂黄酮醇。这种成分可对抗损害细胞并加速衰老的自由基。许多专家认为，龟以生菜为主食不符合自然规律，而且生菜的主要成分为纤维素，缺乏营养物质。通常，豆瓣菜、花椰菜、水芹、卷心菜碎叶等深绿色的蔬菜更受欢迎。最重要的是，多样化是良好饮食的关键。苏黎世动物园饲养了 29 只加拉帕戈斯象龟。2000 年，苏黎世动物园的研究人员发现，人工饲养的 4 岁象龟生长速度太快，体重是同龄野生加拉帕戈斯象龟的 10 倍。为了改善这种情况，他们开始给这些龟投喂高纤维食物。

健康的高纤维素食可让乌龟活到 150 岁。据记载，个别龟甚至活得更久。据说，库克（Cook）船长在 1773 年或 1777 年曾送给汤加女皇一只叫图伊·马里拉（Tui Malilia）的龟，这只龟一直被尊为该类龟的“酋长”。该龟于 1966 年去世，经常关注这个物种的《泰晤士报》（*The Times*）刊载了这个消息。这只龟经历过森林大火、马蹄踩踏等种种坎坷，去世时至少已经 189 岁了。但是它只是其种族中的一员，而且库克船长也从未去过它的家乡——马达加斯加。龟甲上的圆环数量并不能准确反映龟的年龄，这些圆环只是饮食变化或者季节变化的证据，因为一年内龟可能会有 4~5 个生长季。

最古老的可靠记录是 1766 年由弗雷纳斯骑士从阿尔达布拉环礁进口到毛里求斯的马里恩龟，当时毛里求斯的本地龟由于被人长期捕食而濒临灭绝。马里恩龟有着非凡的意义，1810 年法国将毛里求斯割让给英国的条约中还专门提及了它。据说，这只幸存的龟的龟壳右侧的巨大凹陷就是在割让该岛之前由英国人的炮火造成的。这只龟的养护工作并非由英国政府直接负责，而是由首都路易斯港的皇家炮兵营承担。约瑟芬 · 德拉贝尔（Josephine de la Bere）在 1930 年这样回忆：

> 1877 年，我还是个小女孩，皇家炮兵食堂的客人可以骑在这只大龟上，那时候皇家炮兵团的指挥官会骑着它去吃饭——这是当时的一个小仪式。据说，当时那只龟就已经 100 多岁了。

一个小男孩骑着它穿行过炮兵营的操练场。这只龟很强壮，曾有人拍下这只龟驮着 3 个人闲庭信步的照片，其中一位是一名以胖著称的军官。在接下来的生活中，它“并不乐意成为这些游客的交通工具”。有一次它不舒服，因为有人将脸盆中的肥皂水倒进了它生活的水池（这是为它专门打造的，因为医生一直抱怨它之前喜欢打滚的污泥坑总是滋生蚊蝇）。最终，它失明了，并在 1918 年掉进一口井中死了，享年至少 152 岁。在自然环境中，乌龟会慢慢失明并最终死于意外，比如跌落悬崖。毛里求斯的这只巨型龟被做成标本保存在伦敦的自然历史博物馆中，在路易斯港还有这只龟的纪念雕塑。

有一只叫蒂莫西的龟在 1842 年左右孵化，在英国动物王国中是“最长寿动物”的有力角逐者，并一路领先。还是幼龟时，它就要自己照顾自己。一位英国海军船长将它从地中海的一艘葡萄牙双桅帆船上救下来，它也许也是船上的货物。然后在 1855 年克里米亚战争中轰炸塞巴斯托波尔时，它登上了皇家海军“女王号”，随后还见证了在东印度和中国的战争。1914 年以后，它一直隐居在德文郡伯爵的府邸——帕德汉姆城堡。它最喜欢的食物是紫藤花、蒲公英叶子和草莓，这也是适合素食主义者的饮食。迄今为止，它的寿命已经熬过了 7 任伯爵。为了让它免于遭受城堡参观者的打扰，它的龟壳上粘有一张卡片：“我的名字是蒂莫西。我已经很老了，请勿随意触碰我。”另一只英国的地中海型陆龟——乔伊（Joey），出生于 1800 年左右。尽管很难确定它早期的生命轨迹，但是它很可能已经 160 多岁了。

龟的寿命可能会比主人更长，所以它们的名字常出现在遗嘱中，会收到一些遗赠。小笔遗产可以持续为这些龟提供最喜爱的食物。例如，1957 年，约克郡唐卡斯特的艾米丽 · 威尔逊（Emily Wilson）夫人将其遗产 3 万英镑中的 100 英镑留给了她的女仆，请她一如既往地照顾一只宠物龟。伦敦书店老板克里斯蒂娜 · 福伊尔（Christina Foyle）对她的乌龟比对家人更慷慨。在她 5900 万英镑的遗产中，她预留了 2 万英镑作为照顾她的 6 只宠物龟的费用。另外，她从前的园丁托尼 · 西利托（Tony Scillitoe）

也获得了10万英镑的遗产，是其他家庭成员遗产金额的两倍。根据遗产规定，克里斯蒂娜·福伊尔1999年去世后，她的园丁需要继续照顾这些乌龟21年。

龟类最高体重的世界纪录保持者是一只叫“巨人”的加拉帕戈斯象龟，生活在佛罗里达州的鸟类保护区。它不愧是“巨人”，是最长龟壳的世界纪录保持者，长度达1.36米。世界上最小的龟是斑点陆龟（speckled sape）或者斑点鹦嘴龟（speckled padloper），其长度不会超过9.6厘米。

最出名的宠物龟是一只名字也叫蒂莫西的乌龟，它的主人吉尔伯特·怀特是一位牧师和博物学家。他将蒂莫西写进了他的著作《塞尔伯恩的自然史和古玩》（*Natural History and Antiquities of Selborne*）（1789年）。蒂莫西是在1739年至1740年被捕获的。怀特的姑妈——住在苏塞克斯东部林格默的丽贝卡·斯努克夫人（Rebecca Snooke）——花了2先令6便士从苏塞克斯郡的一位水手那儿买来。她照顾着蒂莫西的日常起居，让蒂莫西生活在带有围墙的院子里，以四季豆和黄瓜为食。到了冬天，它便会自己在院子的角落里打洞过冬。丽贝卡1780年去世后，怀特继承了蒂莫西，将其饲养在一所大花园中，并开始观察研究蒂莫西的饮食习惯和体重变化。例如，怀特在1782年10月17日的日记中这样写道：

> 这只龟在墙下晒太阳时，会将壳的一侧斜靠在墙上，让背壳照射到更多阳光：这种姿势会比自然状态下获得的热量更多。然而，没有谁曾告诉过这个可怜的爬行动物斜面可以吸收更多的热量。下午

4 点，它会躲在蜀葵宽阔的枝叶下睡觉。它已经断食一段时间了。

吉尔伯特·怀特关于这只“老苏塞克斯龟”的记录一直写到他 1793 年去世的那个月，6 月 1 日的最后一篇中写道：“蒂莫西非常贪吃，它会在没有其他食物时吃路边的草。”到了第二年春天，已经连续消瘦了 4 年的蒂莫西像一条忠犬般跟随主人逝去了。它的甲壳在 1853 年被赠送给大英自然历史博物馆。在塞尔伯恩教区教堂，为吉尔伯特·怀特 200 周年诞辰做的 3 扇纪念窗的中央那扇上可以看到这只龟的画像。这套纪念窗上写有对吉尔伯特·怀特的评价：“一位忠贞的牧师、一位谦逊的自然学学生、一位天才的作家。”虽然让人难以置信，但是怀特的《塞尔伯恩博物志》是世界发行量排名第四的英语书籍。

迄今为止，对龟的研究仍主要局限在对个体特征的观察上。怀特的记录是迄今为止最连续的，这位学者在家里详细记录了蒂莫西除了年龄和性别之外的一切信息。没人知道这只龟的年龄，而且这是一只雌龟，并不是雄龟。在 1836 年版的《塞尔伯恩的自然史和古玩》中，编辑将蒂莫西定义为一个独立的物种，并将其命名为“怀特陆龟”（*Testudo whitei*）。

19 世纪末和 20 世纪早期，更加系统而国际化的记录和分类标准诞生了。英国在领土扩张的过程中获取了大量的外来物种、人工制品和相关知识，这些都被忠实地进行了展示、记录和出版。例如，1824 年，约翰·乔治·池恩（John George Children）聘请约翰·爱德华·格雷（John Edward Gray）协助他编撰大英博物馆爬行动物收藏目录，

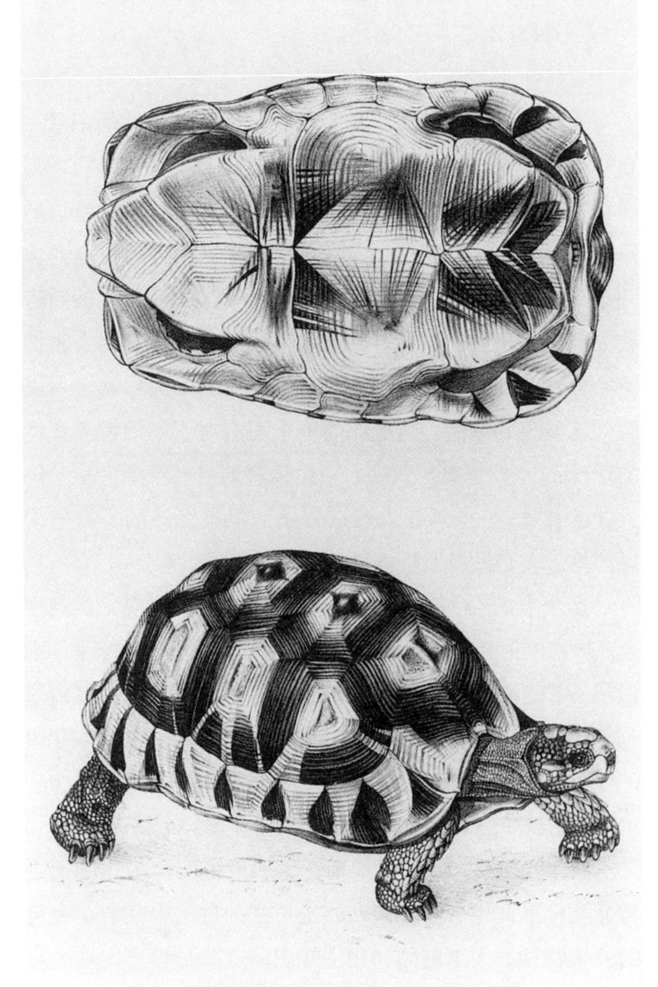

爱德华·利尔（Edward Lear）以其打油诗而闻名于世，同时他也是一位颇有成就的插画家，这只乌龟就是他的作品之一。该图是约翰·爱德华·格雷（John Edward Gray）《生活中的陆龟、水龟和海龟》（*Tortoises, Terrapins and Turtles Drawn from Life*）（1872年）中的插图。

这部著作于 1844 年出版。格雷还出版了《爬行动物物种简介》(*Synopsis Reptilium*)(1831 年)。1840 年，他继任池恩的职位，成了大英博物馆动物学部的负责人，并于 1853 年邀请阿尔伯特·甘瑟（Albert Günther）(1830—1914 年) 编撰该博物馆的两栖和爬行类动物目录。甘瑟还发表了《爬行动物的地理分布》(*Geographical Distribution of Reptiles*) (1858 年)、《英属印度的爬行动物》(*The Reptiles of British India*)(1864 年) 和《大英博物馆馆藏的巨型陆龟》[*The Gigantic Land-Tortoises* (*Living and Extinct*) *in the Collection of the British Museum*] (1877 年)。作为格雷的继任者，甘瑟建立了动物学图书馆。

托马斯·贝尔（Thomas Bell）(1792—1880 年) 是一位牙科医生和动物学家，对龟类研究做出了重大贡献，他发表了《龟鳖目专论》(*A Monograph of Testudinata*)(1832—1836 年)、《英国爬行动物史》(*History of British Reptiles*) (1839 年) 和《伦敦黏土层爬行动物化石》(*Fossil Reptilia of London Clay*)(1849 年) 中有关“伦敦黏土层龟鳖目研究”的部分。1830 年开始兴起铁路修建热潮，以伦敦为中心开始修建铁路网络，随着岩屑挖掘和隧道建造的进行，大量的地下化石被发现，就如当年挖掘运河时一样收获颇丰。《龟鳖目专论》的插图版名为《陆龟和海龟》(*Tortoises and Turtles*)(1872 年)，自然艺术家詹姆斯·索尔比（James Sowerby）的插图由著名的打油诗诗人爱德华·利尔刊印。贝尔退休后去了塞尔伯恩，从吉尔伯特·怀特侄女手里买下了怀特的房子，然后开始收集整理怀特的一些遗物和纪念品，并在 1876 年至 1877 年出版了经典的两卷本《塞尔伯恩博物志》。

1865年，莫迪凯·丘比特（Mordecai Cubitt）（1825—1914年）创作了《爬行动物：英国本土蜥蜴、蛇、蝾螈、蟾蜍、青蛙和乌龟简介》（*Our Reptiles: A Plain and Easy Account of the Lizards, Snakes, Newts, Toads, 31 Frogs and Tortoises Indigenous to Great Britain*）。1875年，查尔斯·哈特（Charles Hartt）发表了《亚马孙的龟神话》（*Amazonian Tortoise Myths*）。罗斯柴尔德勋爵（Lord Rothschild）（1868—1937年）收藏了一本《龟类测量记录簿》（*Book Register of Tortoise Measurements*）。1896年，赫特福德郡的特林保存了一份手抄本。在充分的信息交流和资料收集后，他创作了《加拉帕戈斯群岛巨型陆龟》（*Gigantic Land Tortoises of the Galapagos Archipelago*）（1907年）和《塞舌尔的巨型陆龟》（*The Gigantic Land Tortoises of the Seychelles*）（1915年）等著作。

美国爬行动物的大众权威雷蒙德·李·迪特马斯（Raymond Lee Ditmars）（1876—1942年），是纽约动物园的哺乳类爬行动物馆馆长。其主要著作有《爬行动物大全：美国和墨西哥北部等地区的鳄类、蜥蜴、蛇、海龟和陆龟概览》（*The Reptile Book: A Review of the Crocodilians, Lizards, Snakes, Turtles and Tortoises Inhabiting the United States and Northern Mexico, etc.*）（1907年）、《世界爬行动物：东西半球的鳄类、蜥蜴和蛇》（*Reptiles of the World: Tortoises and Turtles, Crocodilians, Lizards and Snakes of the Eastern and Western Hemispheres*）（1910年）和《北美洲的爬行动物》（*The Reptiles of North America*）（1936年）等。

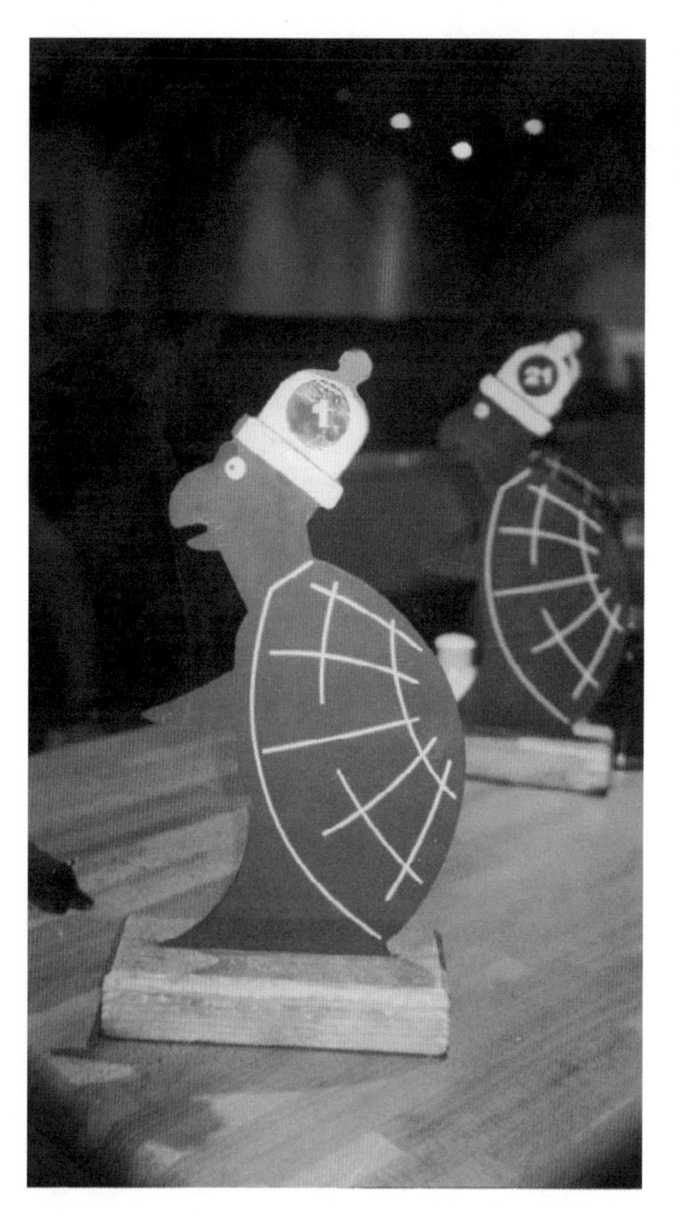

在坎特伯雷的肯特大学达尔文学院的起源酒吧和夜总会里，乌龟的形象被做成了桌牌。

地质学的新分支古生物学的进步促进了动物学的发展。1816 年，运河工程师威廉 · 史密斯（William Smith）在其著作《有机物化石鉴定地层》（*Strata Identified by Organised Fossils*）中阐述了动物类群的演变过程和它们在沉积物断代研究方面的作用。乡村医生吉迪恩 · 曼特尔（Gideon Mantell）（1790—1852 年）在《南塘斯化石》（*Fossils of the South Downs*）中介绍了巨型蜥蜴遗骸和牛津郡的化石，这些化石包括“数个乌龟品种的骨头和龟甲”。1831 年，曼特尔（Mantell）在文章《爬行动物的地理时代》（*The Geographical Age of the Reptiles*）中详细阐述了有关岩石序列中化石位置的观点。这是首次详细阐述这些证据，这些证据可用于论证中生代生物出现的顺序。自 1830 年起，查尔斯·莱尔（Charles Lyell）便在其《地质学原理》（*Principles of Geology*）中提出，地球的年龄是几百万年而非几千年。

1834 年，“古生物学”一词被首次采用。第二年，苏格兰古生物学家休 · 法康纳（Hugh Falconer）在旁遮普地区发现了巨龟的遗骸，其龟壳长度超过 2 米。同时期（1831—1836 年），在另一位生物学家拒绝了远程考察的机会后，20 岁出头的达尔文作为一位自然学家登上了贝格尔号。在这次航行中，达尔文深受莱尔《地质学原理》的影响，这本书认为地质是逐渐变化的：“这个原理的最大优点是让人的整个思路发生了转变。”首先，作者并不认同加拉帕戈斯群岛居民所说的这些龟是按照龟壳形状进行划分的说法，他认为这些龟是作为海盗的食物引进各岛的。正是这种思想上的转变，使莱尔成为达尔文三位导师中最重要的一位，在肯特郡达尔文故居壁炉上有这三位导师的画像。达尔文在锻炼完身体后，会坐下来将其理论记录下来。20 多年的基础研究帮他将莱尔的方法和自身在本次航行中的收获结合起来，这些研究结果对人类的思想产生了深远的影响。

19 世纪中期，相对地质年代表已基本完成。这也为古生物学提供了证据。例如，1878 年，在比利时蒙斯附近的贝尼萨尔圣巴巴拉煤矿竖井中工作的工人，在地下 322 米的地方发现了一些碎片，起初认为是木头化石，但最终发现这是 30 只禽龙的遗骸，19 世纪 20 年代吉迪恩·曼特尔与妻子在苏塞克斯郡首次发现了这种恐龙化石，一起发现的还有两种龟类化石，稍大一类的龟总长 25 厘米。这种生物可以追溯到白垩纪中期，距今大约 1.35 亿年。

海龟和陆龟最早出现在大约 2.25 亿年前的三叠纪时期，这个时期持续了大约 3500 万年，在此期间，全球气候经历了从温暖潮湿到炎热干旱的转变。在三叠纪末期，最原始的恐龙，仅有数厘米长的生物和哺乳动物开始出现。恐龙是一种身长可达 27 米、体重可达 75 吨的物种，大约于 6500 万年前灭绝。随着哺乳动物开始进化，一些海龟开始进化为陆龟。

人们对恐龙的灭绝原因有很多猜测，这种爬行动物在灭绝时已经统治地球 1.5 亿年了。恐龙灭绝的原因包括地理和气候变化，剧烈的火山活动可能也加剧了这些变化，这些变化破坏了恐龙的生活环境，造成恐龙食物短缺。恐龙的脑容量不足，无法在自然选择过程中应对日益强大的各类哺乳动物。最新理论认为，恐龙灭绝可能是因为伽马射线的照射，也可能是因为小行星或彗星撞击地球造成二氧化碳含量增加，这些情况使进化缓慢的恐龙的生存环境

两种不同的加拉帕戈斯象龟亚种：圆顶龟壳（P30）和鞍形龟壳（P31）。最初的14个亚种中，已有3个亚种灭绝。

恶化，最终灭绝。

在达尔文的旅途中，最令他震惊的就是变化的力量。不仅因为加拉帕戈斯群岛上的龟与美洲大陆其他龟不同，还因为这些岛屿间的龟也不尽相同："这些岛屿拥有自己特有的龟、雀类等物种和大量独特的植物……这种情况令我惊讶不已。"

对加拉帕戈斯群岛内部物种多样性的思考，推动了达尔文进化论的诞生，该理论讲述了单独个体为了生存而适

应生活环境的漫长变化过程，也就是倡导物种进化的哲学家赫伯特·斯宾塞（Herbert Spencer）（1820—1903 年）所说的适者生存。达尔文在《论生存竞争中物种之起源》（*On the Origin of Species by Means of Natural Selection*）（1859 年）中阐述的观点与当时主流的创世观点相悖，从根本上转变了人们对世界的认识。因此，从 19 世纪中叶开始，科学理念和宗教思想之间关于乌龟的争论便没有停止过。仅凭这几点，龟这种拥有远古生存智慧的生物便颇有盛名。

19世纪80年代法国科学插图中的股刺陆龟或“希腊”陆龟。“希腊”陆龟分布在地中海沿岸国家。

21世纪伊始，乌龟所引发的争论并没有停息，因为在美国中西部和南部腹地，特别是堪萨斯州和亚拉巴马州，《圣经》的原教旨主义者仍然在进行着这种争论。

从全球来看，龟这种生物的多样性更加明显。全球共有250多种陆龟、海龟和水龟（生活在淡水中）。它们当中大多数为水生或两栖品种，只有50多种是陆龟。专家们在准确的龟类属种数量上存在分歧。龟类的命名方式多种多样，其中最常见的方式是根据其身体特征进行命名，如角龟（angulated tortoise）、细长龟（elongated tortoise）、扁甲龟（flat-shelled tortoise）、几何陆龟（geometric tortoise）、凹甲陆龟（impressed tortoise）、豹纹陆龟（leopard tortoise）、鹦鹉嘴龟（parrot-beaked tortoise）、射纹龟（radiated tortoise）、红腿或黄腿象龟（red- or yellow-footed tortoise）、斑点陆龟（speckled tortoise）、股刺陆龟（spur-thighed tortoise）、帐篷陆龟（tent tortoise）等。有些龟则以发现者或命名人姓名命名，如贝尔龟（Bell tortoise）（1828 年）、格雷龟（Gray tortoise）（1863 年）、赫尔曼陆龟（Hermann tortoise）（1789 年）和克莱马尼陆龟（Kleinmann tortoise）（1883 年）。通常，这些别名仅用作科学名称，更常用的是易于理解的描述性名称。还有一种命名类型是以其种源地命名，例如缅甸陆龟（Burmese tortoise）或印度星龟（Indian star tortoise）、中亚陆龟（Central Asian tortoise）、沙漠陆龟（desert tortoise）、卡鲁海角陆龟（Karroo Cape tortoise）、得州穴龟（Texas tortoise）或特拉凡柯陆龟（Travancore tortoise）等。

不论种源地是哪里，陆龟都已经适应了世界各地不同的自然环境。它们一般生活在地表比较温暖的区域，除澳大利亚和波利尼西亚以外的所有温热带地区都有龟类分布。乌龟最早出现在大约 2.25 亿年前的中生代，是盘古大陆的居民。盘古大陆是一个两亿多年前存在的超级大陆。中生代是全球地质活动活跃的时期，在这个阶段盘古大陆开始分裂，直至形成如今地图上标注的大陆和岛屿。

地质时代的大陆漂移为这些陆地生物提供了多样的生活环境，多样的环境促使它们演变出不同的特征。例如，下白垩纪时期，在如今的比利时生活着大量的禽龙和陆龟，当时这块领土位置更偏南，在北纬 35° 左右，属于亚热带气候，如今位于北纬 50°。大陆向不同气候区域的迁移，使全球气候变冷，而恐龙灭绝的原因可能就是无法适应这种变化。龟类之所以可以存活下来，是因为它们适应了这些不利的环境，但是它们在抵御这些环境变化的同时也阻碍了自身的进化发展。

第二章　神话传说与象征意义

史蒂芬·霍金（Stephen Hawking）的《时间简史》（*A Brief History of Time*）（1988年）在开篇讲述了一段关于宇宙结构层次的轶事：

> 一位著名的科学家，据说是伯特兰·罗素（Bertrand Russell），曾经作过一次关于天文学方面的演讲。他描述了地球如何绕着太阳运动，以及太阳又是如何绕着我们称之为银河系的巨大的恒星群的中心转动。演讲结束之时，一位坐在房间后排的矮个子老妇人站起来说道："你说的这些都是废话。这个世界实际上是驮在一只大乌龟的背上的一块平板。"这位科学家很有教养地微笑着答道："那么这只乌龟是站在什么上面呢？""你很聪明，年轻人，的确很聪明，"老妇人说，"乌龟的下面还是乌龟，再下面还是，就这么无穷无尽地叠着！"

美国之外的读者可能会在看到"海龟"（turtle）一词时感到困惑；美国人常用这个词来指代乌龟。"龟背上的世界"的故事有很多版本。一种说法是，该场景发生在20世纪初哈佛大学的讲师哲学家威廉·詹姆斯（William

James）身上，即小说家亨利·詹姆斯（Henry James）的哥哥。

关于神兽的想象很丰富，但其实并不存在。根据历史学家爱德华·吉本（Edward Gibbon）的说法，18 世纪，马尔萨斯（Malthus）先生发现乌龟支撑世界的说法存在问题："这种解释只是把难题推得更远一点。地球驮在乌龟背上，但是却没有告诉我们，乌龟站在哪里。"19 世纪后期，乔治·伯纳德·萧伯纳（George Bernard Shaw）（1856—1950 年）年轻时，曾在其 1921 年创作的戏剧《回到玛士撒拉》（*Back to Methuselah*）的序言中写道："那时，我们同情这些充满幻想的异教徒，他们认为支撑世界的是一只大象，大象站在一只乌龟上……我只需简单反驳这些人一句：'那乌龟站在什么上面呢？'"

盘古是"中国的创世神"，是宇宙演化的始祖，也是传说中的宇宙构建者。在 18 000 年的时间里，他在龙、凤和龟（见左图盘古右手边）三种圣灵的陪伴下，用锤和凿将空中漂浮不定的花岗岩雕塑成世间万物。

故事中这位老妇人以东方广泛认可的创世理念来挑战讲师，她认为这种生物不是虚构的，而是真实存在的神话传说中的生物。在中国神话中，创世之初，水神共工与火神祝融发生了争吵。在一些版本中，共工是祝融的儿子，人面蛇身，披着一头红发。仁慈的祝融受到世人的崇敬，共工对此愤愤不平，想要与他一较高下，但是失败了。战败的共工羞愤难当，撞向了西北方向的不周山，而不周山正是支撑世界的四大支柱之一。作为神仙，共工没有受伤，但是不周山被撞断了，天塌了个窟窿，洪水和其他自然灾害便席卷了当时的中华大地。然后创世女神女娲为了解救生灵炼石补天，她用东海神龟的四只脚顶住苍天，然后补上了所有溃决的河岸。同样的，动荡的小岛也只有在乌龟背上才能稳定下来。

龟支撑着世界，其四只脚为支撑世界的四根柱子，同时也是这个世界的象征。龟的身体代表着世界的三相，天空的穹顶是龟的背部，大地是其腹甲，天地间的空气便是它的身体。以前的皇帝们相信龟具有非凡的意义，常将坟墓底部雕成龟的形状。龟的四条腿粗壮有力，坚定地站在地面上，跟寺庙的立柱一般。在日本，龟的形象类似希腊神话中的巨人阿特拉斯，背负着宇宙之山和仙人、守护神或者道教中众神居住的仙府。公元前 2000 年中期定居印度的雅利安人认为，世界源于一个包含宇宙的蛋。创世主梵天或众生之主把这枚蛋捏碎，流出的物质逐渐幻化成龟的形体——俱利摩，相当于中国神话中的三相神。

印度教神话中包含三大主神：梵天——创世之神；毗

这幅 18 世纪 80 年代勒克瑙的画作展示了毗湿奴在乳海化身为乌龟俱利摩施法，他支撑着正在当作搅杆使用的曼陀罗山。

湿奴——维护之神；湿婆——毁灭之神。在创世之初，各种力量处于交战状态，来自原始乳海的长生甘露，同其他的一些宝物一起消失了，这使宇宙的延续受到威胁。可以幻化多种形象的毗湿奴化身为巨龟俱利摩潜入海底。毗湿奴建议使用曼陀罗山作为搅海的杵，以蛇王婆苏吉作为缠绕在曼陀罗山上的搅绳，一起搅动乳海，直至宝物出现。众神用这种方式重新获得了“长生甘露”、如意神牛苏罗皮、神像爱罗婆多和许多精美的珠宝以及其他物品。毗湿奴化身为神龟俱利摩，一直在海底驮着曼陀罗山。即使是在现代社会，俱利摩在印度仍是支柱的象征。

毗湿奴的最后一个化身——迦乐季，会在道德和宗教消失殆尽、没有公平正义的末世出现。迦乐季身骑白马，手持神剑，维护世间正义，战胜不公，并重新创造出一个太平盛世。在某些神话版本中，迦乐季的白马会用右蹄击地，唤醒支撑世界的龟，并将其扔进大海。这种方式可帮助众神将世界恢复至原始的纯净状态。作为毗湿奴的化身，龟的形象也出现在西藏神话中。其绿色的面孔就表示神龟背负世界从原初之水诞生或是重生。

在另一个版本的印度神话中，名为楚夸的巨龟驮着名为摩诃钵蹬谜的巨象，而巨象又支撑着这个世界。掌管水域的雌性月亮龟和雄性太阳象共同构成了创造世界的两种力量。这些神话还反映在古代的印度地图上，其形状与龟类似。其头向东，尾巴朝西，前肢的脚掌分别朝向南北。在有的神话中，印度像是漂浮在龟背上的一块大陆，位于宇宙的中心，其他已知的国家和星体环绕着它。在建造代表宇宙的北方祭坛时，在其第一层砖块中会放置一只活龟。在神庙的中央放置龟，象征着它就是万物之源，也是可靠的根基。

中亚的蒙古人认为，一只金色的乌龟支撑着宇宙中心的高山。巴厘文化的宇宙论认为，宇宙蛇安塔博加通过冥想创造了宇宙之龟贝达旺。在贝达旺的龟背上盘绕着两条蛇，它们共同构成了大地的根基，而黑色的石头正是地下世界的盖子。

龟支撑世界的观念，并不局限于东方。这种观念也出现在美洲印第安人的传统中，例如在休伦族的传统中苏族人认为，世界是一只漂浮在水上的巨型龟。在其他版本的神话中，龟将人类从洪水中拯救出来，然后将新的世界背负在龟背上，或者从其龟背上长出了宇宙之树。“龟”一词经常出现在北美的一些地名中，特别是在中西部地区。例如，加拿大曼尼托巴省的龟山（Turtle Mountain）、萨斯喀彻温省的特特尔福德（Turtleford），以及魁北克市的龟湖（Lac à la Tortue）。在美国明尼苏达州的诺斯菲尔德附近有一座龟山（Turtle Hill, 印第安语为 Keya Paha），在北达科他州、威斯康星州和明尼苏达州交界的龟湖村有一条龟河（Turtle River）。北达科他州有龟山印第安人保留地。此外，还有一条流经俄亥俄州、宾夕法尼亚州和西弗吉尼亚州的龟溪（Turtle Creek）。再往南便是田纳西州的龟城（Turtletown）、佛罗里达州的海龟滩（Tortugas）和得克萨斯州的海龟湾（Turtle Bayou）。另外还有墨西哥的托图加斯港（Bahia Tortugas）。

根据在尤卡坦州的玛雅文明的记载，生活在西非尼日尔河大湾处的部落，也将龟视为宇宙的代表。因此，在某些地域，龟在创世传说中拥有很高的地位。为什么会将龟同宇宙起源这类事情联系起来呢？

其中很明显的一个原因就是这种生物在人类诞生前的两亿多年前就已经存在了。早期的人类对世界的诞生过程感到好奇，而龟作为一种古老的生物，永远都是非常淡定、泰然自若的形象，似乎为人类的这种困惑提供了现成的答案。它通常会给人一种古老而智慧的印象，这种形象常会让人认为它参与了创世过程，并在其中发挥了重要作用。因此，相距甚远的地区都有着类似的神话传说，也就不足为奇了。

但这还不足以解释为什么在不同文化中，都有类似的创世神话。古人可能不了解盘古大陆破裂的地质理论，即20世纪提出的构造板块大陆漂移学说。我们无法解释那些基于事实的传说。这样看来，关于龟的宇宙神话起源于东亚，因为该地区对这种创世观念的信仰更加坚定，受影响的人群也更加广泛。从公元前13 000多年的第一次大迁徙开始，智人便开始通过白令陆桥从东亚到了北美洲。在这个宏大但是漫长的迁徙过程中，某个传说逐渐从东亚辐射到了中美洲。人类的迁移推动了这个神话的传播；这个故事在传播过程中被简化和扭曲，就像在一个圈子里低声传播一条消息，其基本情节已经在局部地区被改编了。

但是如何解释这种传说在西非的出现呢？简单的解释

就是巧合。仔细研究一下便会发现，这个神话同当地的基础文化是类似的。例如，在当地的多贡人中，每个家庭一般都会有一只龟，该龟地位仅次于家主，当家主不在时龟可以第一个享用食物和水。相似神话的广泛传播也验证了荣格关于宇宙起源的心理学理论：人们在不知不觉间形成了相同的神话符号。像蛇和狮身人面像一样，龟是人类集体无意识选中的原型。就像龟一样，集体无意识的选择是古老智慧的宝库。然而，德国哲学家弗里德里希·威廉·尼采（Friedrich Wilhelm Nietzsche）（1844—1900 年）和古希腊思想家一样，都是伟大思想的探寻者，他将当代哲学视为“龟的福音”，不过是在伟大思想的废墟上苦苦跋涉罢了。

集体无意识的选择示例还有关于月亮和重生的关联。在中国神话中，再生的能力来自重生圣水，这水与月相息息相关。根据孟加拉某个部落的说法，龟是造物主，被全能的太阳神（月神的丈夫）赋予了从海底拯救地球生物的使命。玛雅月神的护胸甲便是一只乌龟，而且其龟背甲上的 13 块盾甲与相同的阴历月数之间一一对应。从月亮到其他天体——各种星星的联系仅一步之遥。在尤卡坦州，人们认为猎户星座的盾甲是只龟。玛雅人的三套历法有时会被描绘成分割的轮子，而其中龟的形象则是时间流逝的自然象征。此外，这些图案与特定时间的典礼也息息相关。

在北京故宫中，青铜龟是展出的四大神兽之一。

虽然与龟有关的神话故事一直源远流长，但是其所蕴含的意义却大相径庭。因为龟古老的历史底蕴，它的象征意义更加多元化，有诸多关联意义。此外，它还反映了相同地理区域内的文化多样性和不同的思想理念。自古以来，乌龟一直活在《爱丽丝镜中奇遇记》（*Alice Through the Looking-Glass*）所描述的世界里：

> “矮胖子”轻蔑地对爱丽丝说道：“我用一个词的时候，它的意思只代表我想要的那个意思，不多也不少。”

正如我们所读到的，“矮胖子”可能就是一只“乌龟”。

同中国的鹤一样，龟也具有长寿的自然属性。长寿是耐力的象征，因此乌龟也被当作建筑的坚实基础。据说，1420 年建造北京天坛的木柱最初是放在活乌龟上的，因为

广州海幢寺的石龟背上有一条蛇，传说蛇是一种具有神力的动物。蛇和乌龟在一起，可以抵御邪恶势力。

当时人们认为乌龟可以在没有食物和空气的情况下活 3000 年，并且有防止木材腐烂的功效。卡片上写有“loe-ling”（龟龄）的贺词，意思是像龟一样长寿，这是一种表达“福寿无疆”的祝福方式。在《中国宗教体系》（*The Religious System of China*）（1892—1910 年）一书中，高延（J. J. M. de Groot）写道：

> 在妇女的陪葬发簪中，几乎都会有一根带有鹿、龟、桃和鹤装饰的银簪。这些都是长寿的象征，人们认为有这些装饰的发簪可以吸收这些形象的生命力量，并最终传递给佩戴这些簪子的女性。

广州黄大仙祠还有另一个传说。一个牧童变成了黄大仙，他创造了一种仙丹，被尊为“治愈之神”。

龟也代表着玄武大帝的力量和耐力。在皇家军队的旗帜上，龙和龟一起成为坚不可摧的象征。龙没法打败龟，龟也够不到龙。后来，在道教的万神殿里，玄武大帝逐渐演变为真武大帝。因此，和长城一样，玄武是国家和王权的守护者，抵御来自中亚的入侵者。

早在汉代铸造的护身符上就出现了龟的形象，具有辟邪的作用。这些护身符通常放在新婚夫妇的床下、系在新生儿的手腕上或缝在孩子的头饰上。盖屋时经常会把龟放置在门槛或厨房炉灶下方，目的是希望为房子的主人带来好运。

龟的一个显著特征就是坚持不懈，龟不会轻言放弃。这一点在雄龟身上表现得尤为明显，雄龟与雌龟的区别在于其凹陷的腹甲，这个构造可以帮助雄龟与雌龟进行交配。

雄龟会追逐雌龟，撞击和撕咬雌龟大腿来阻止雌龟离开。芬兰赛车手米卡·哈基宁（Mika Hakkinen）在 1998 年获得一级方程式赛车世界冠军时曾说过乌龟是他最喜欢的动物，因为龟虽然速度慢，但从不放弃。哈基宁在 1999 年能再次夺得该赛事的冠军，他的坚持使他在该赛季的最后一场比赛中以微弱优势获胜。

关于龟的神话很多，对其外表的描述较少，也相对一致。龟就是龟。几个世纪以来，随着不同时空的文化变迁，人们对这种动物的态度也在不断变化。

尽管祝融和共工的神话故事里是火战胜了水，但是在龟、龙、凤凰和麒麟四大神兽之中，龟代表着水元素，是宇宙中两种对立力量的被动和阴性一极。在道教和儒家思想中，它表现为黑色的蝌蚪状半圆，与代表阳刚的明亮半圆交织在一起。

元曲《单鞭夺槊》中说唐高祖的儿子李元吉像缩头乌龟般逃命。这个比喻源于乌龟头颈可以进行伸缩。懦弱无能的丈夫常被视为缩头乌龟。

高延记录了 19 世纪末期一件人类极度抵制乌龟的事件：

> 大约 30 年前，上海的贤士们费尽心思地寻找一起冲突事件的原因。经过仔细研究，他们发现这场冲突的导火索是当地新建的一座大型寺庙的形状与龟外形相似，当地人认为这是大凶之兆。但当时局面非常严峻，推倒寺庙是对神明的不敬，但如果保持寺庙现状，则可能会招致类似事端或者更加棘

手的麻烦。最终，当地一位对风水颇有研究的风水先生解决了这场危机，使两难的困境消弭于无形。他将代表乌龟眼睛的两眼井装满了水，寓意蒙蔽了这只龟的眼睛，让它再也不能作恶。

在现代中国社会，“王八蛋”或“龟孙子”都是骂人的词汇。“龟毛”则用于形容不愿为任何事出头的那类人。在台湾，“输得精光”的说法是“贡龟”。因龟与霉运有所关联，所以赌徒一般都不喜欢乌龟。因此，随着数字彩票的流行，带乌龟图案的蛋糕的需求量也随之下降。但在过去，这种蛋糕常用作寺庙节日的祭品或大型家庭活动如婚礼、生日等的筹备物品。

在某种文化中或不同文化之间，龟具有相反的寓意。日本的航海之神金毗罗，也将龟用作抵御风浪的象征。这个徽章还出现在武士刀的护手上。不过，缩进龟壳也是怯懦胆小、不敢直面现实的表现。但印度教则认为这是远离世界、回归自我、凝聚精神回归初始状态。

提到龟，我们会想到长寿、智慧和永生等观念。据说东南亚安南王国（即现在的越南）的某个瀑布下生活着一个金龟隐士，该国国王时常向其请教。根据史料记载，在中世纪的越南，龟的地位近似于神明。15 世纪中期，越南的大英雄黎利在驾着小船捕鱼时，获得了一把璀璨夺目的神剑，并且凭借此剑驱逐了越南的外来驻军。经过 10 年的战争，黎利顺利登基称帝，世称黎太祖。称帝后黎利想祭祀湖神，以示感谢。在他准备献上祭品时，空中突然一阵电闪雷鸣，接着宝剑便脱鞘而出，被湖中浮起的一只金龟叼走了。这只龟是神明的使者，奉命收回这柄上天赐予的武器。这座位于越南首都河内中心位置的湖因为这个故事而得名——还剑湖。湖中的小岛上有一座三层小塔，名为龟塔。建造目的就是来纪念这个传说，这座塔是河内的地标式建筑。在越南语中，陆龟和海龟可以用同一个词语表示。该湖中仍有大型龟生存，有一只龟的标本涂满罩光漆保存在另一个小岛上。

在关于文殊菩萨的传说中也有金龟出现，文殊菩萨将星相卜命之学传授给人类。而众生沉溺于旁门左道却忽视佛法修行，文殊菩萨重新收回了世谛方术之书，伏藏起来，再从他的意念中幻化出一只金龟。文殊菩萨用金箭将该龟射翻，然后在其腹甲上写下世谛方术。这些世谛方术预言了人类的命运，但是这些数字和符号需要破译解读。

《博伽梵歌》（又称为《薄伽梵颂》）是印度教最神圣的作品，这是一首作于公元前 300 年左右的梵文哲学诗，诗中赞颂了乌龟：

> 龟仅通过意念便可养育其后代。龟将卵产在陆地上，但是在水中时就可以用意念来保护孵化卵。

在另一个版本中，迦叶波（梵语的意思为龟）是达刹 13 个（与阴历的月数对应）女儿的丈夫。信众尊奉他为众生之父。在绘画和雕塑中，他的形象是一只永远在孵蛋的原始龟。

在菲律宾神话中，乌龟头自由伸缩的能力可带来好运。一位名为玉素甫的渔夫捕获了一只白龟，并将其命名为诺托。诺托能够识别哪里的鱼多，玉素甫去打鱼时，诺托便会趴在船头指引方向，在渔船到达指定水域之前，它会一直望着某个方向，抵达目的地后便将头缩进龟壳里。有一次，诺托指引玉素甫向东走了三天三夜。突然，水里浮出一只巨大的海怪，它命令玉素甫向一个小岛行驶，它吹动船帆，将小船驶入了海湾。这个怪兽实际上是一个被施了魔法的王子，海滩上是他的宫殿。如果玉素甫能将王子遗失的戒指打捞上来，王子便能恢复原貌。凭借着诺托准确的辨别力，玉素甫很快打捞起了戒指，还因此获得了丰厚的回报。

对一些人而言，耐力这种美好的品质也是固执的同义词。脑袋伸缩自如的龟，常被认为是狡猾的。《一千零一夜》故事中谢赫拉莎德讲述给国王的中东民间故事便包括“王子与乌龟”的故事。穆罕默德王子是苏丹三个儿子中最杰出的一个，但是他在寻找命定之妻时却运气欠佳。他兄弟们的箭都落在贵族女子的屋顶上，只有穆罕默德的箭落在了一只乌龟的屋顶上。尽管如此，王子还是不顾父亲的反对，决定遵从命运的安排。甚至在其父亲生病的时候，穆罕默德王子仍坚信自己的龟妻子尽管只是一个爬行动物，但可以和其他兄弟的妻子一样照顾好父亲。这只龟哄骗她的妯娌用老鼠、母鸡和鸽子的粪便来烹制食物，还声称这些是最好的食材。与这些难以下咽的食物相比，老苏丹自然会选择乌龟准备的食物，并恢复了健康。在庆祝宴会上，这只龟故技重施，让她的妯娌骑着山羊和鹅来赴宴，这让老苏丹感觉到自己的地位受到了嘲弄。与此同时，这只龟还化身为美丽的少女，在宴会上展示了神奇的技艺。这给老苏丹留下了深刻的印象，并因此将王位传给了穆罕默德王子，王子与他的妻子一起养育了很多孩子。

在地理位置相距不远的地方的文化中，可能存在着截然不同的观点。例如，在墨西哥阿兹特克人心中，坚硬的外壳和柔软的内心构成了龟怯懦自负的形象。但在中美洲前哥伦布时期的玛雅文明中，龟则寄托着人们对长寿的渴望。

在希腊罗马神话中，希腊美神阿佛洛狄忒（罗马神话中称维纳斯）诞生于海洋，是水中蕴含的女性力量的主要代表，其象征灵物为龟。希腊众神的使者赫尔墨斯（罗马

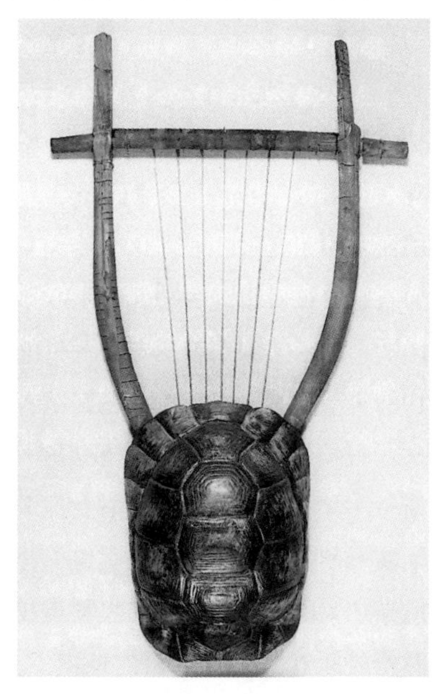

由遗骸修复的古希腊木制里拉琴（约公元前300年），该琴配有龟壳制作的音箱。托马斯·格雷（Thomas Gray）在他1757年的颂歌《诗歌的进步》(*The Progress of Poesy*）中称风弦琴为“迷人的龟壳”。

神话中称“墨丘利”）在幼年时捕获了一只大龟，他将龟壳清洗干净后，用牛皮将龟壳的开口封上做成琴身，然后将琴身安装到一个由羚羊角和木头制作的琴架上，最后将从音乐之神阿波罗那里偷来的牛肠做成琴弦，最终制成了里拉琴。珀西·比希·雪莱（Percy Bysshe Shelley）（1792—1822 年）曾说过：

> 他制作了这个美妙的乐器，
> 然后调试和弦，使音调自然流畅，
> 他轻轻拨动琴弦，演奏动人的乐曲，
> 指尖流淌出的音乐，
> 激昂有力，甜蜜无比。

这种前所未有的乐音令阿波罗十分着迷，并愿意以赫尔墨斯偷走的神牛来交换这种乐器。赫尔墨斯的里拉琴有三根琴弦（也可能是四根琴弦），因此世人认为是赫尔墨斯发明了音阶。根据这个传说，罗马人创作了赫尔墨斯的石雕，该石雕受到公元前 130 年至前 100 年希腊文化的影响，展示了一个腋下夹着一只龟的年轻人。这座石雕是 1968 年在巴黎北部的瓦勒德瓦兹省的热南维尔被发现的。

根据神话传说，阿波罗后来将里拉琴送给了俄耳甫斯——掌管英雄史诗的缪斯女神卡利俄佩的儿子。俄耳甫斯演奏的美妙音乐可驯服猛兽，让木石生悲。当这位古希腊最伟大的歌手和音乐家去冥界找寻妻子欧律狄刻时，便弹奏音乐让守冥界入口的地狱三头犬刻耳柏洛斯沉沉睡

这幅木版画根据《寻爱绮梦》（*Hypnerotomachia Poliphili*）（1499年）绘制，画中描绘了一个女子左手持龟，右手握着翅膀，寓指尘世和天堂。赫尔墨斯主义者认为这展示的是赫尔墨斯为阴阳两界神使的身份，赫尔墨斯把龟变成了里拉琴，由此人们也把龟看作炼金术原材料的象征。

去，同时也让地狱中饱受煎熬的人们忘记了他们所经历的痛苦。

龟曾被认为是赫尔墨斯的儿子牧神潘，因此猎杀乌龟一度是被禁止的。正如艺术评论家约翰·罗斯金（John Ruskin）（1819—1900 年）在其 1870 年的演讲《埃伊纳岛的乌龟》（*The Tortoise of Aegina*）中所说的："要牢记这一点，无论是赫尔墨斯还是俄耳甫斯的里拉琴都是龟壳制作的，象征着普天之下和谐规律的生命秩序。"亚马孙流域的印第安人用蜡封住龟壳的一端，制成一种在重要启动仪式上演奏的乐器。

在西非，龟象征着女性，因此广泛应用于各种生育仪式中。在尼日利亚西部约鲁巴人的民间故事中，龟常被描绘成一个狡猾的形象，有时会为了自己的利益而无所不用其极。例如，有一个故事中讲述了龟从神那里偷了一个葫芦果——这个葫芦果蕴藏着世界上所有智慧。为了省劲儿，它回家路上把葫芦挂在脖子上。横在路上的树干拦住了它的去路，挂着这只葫芦让它难以前行。虽然龟是攀爬高手，但是仍然无法翻越这根拦路的树干。龟感到十分沮丧，它竟然想不起来可以把葫芦果背在背上，最终选择打碎了这个葫芦，于是这些智慧的碎片飘散到世界各地。有些碎片飘到了喀麦隆，那里的某个部落在审判时会让犯人坐在乌龟做的凳子（也称为“审判凳”）上，人们认为这样可防止嫌犯在申辩时撒谎。

在尼日利亚另一个民间故事《河马与龟》（*The Hippopotamus and the Tortoise*）中，乌龟再次展现了它狡猾的一面。除了河马的七位胖妻子，没人知道河马的名字，因此河马常以此为借口，拒绝同其他动物同桌吃饭。在离开前，乌龟问河马：“如果下次宴会有人可以说出你的名字，你会怎么做呢？”河马回答说：“若真如此，我和妻子们会放弃这片土地，到水里去居住。”乌龟知道它们日常沐浴和饮水的路，有一天，龟在河马妻子们的必经之路上挖了个洞，将身体的一半埋进去。两位妻子走得慢，其中一位妻子被龟壳割了一下，便立即尖叫出声：“啊，伊桑蒂姆，亲爱的，我的脚受伤了。”在下一次宴会上，乌龟当众说出了河马的名字，众人也得以和主人一起享用美味的食物和棕榈酒。河马履行了自己的诺言，带着七位妻子去河里生活了，自此它们便一直住在那里，仅在晚上才会上岸觅食。

西非卡拉巴尔的居民认为，龟象征着人类的外在灵魂，外在灵魂受伤或者死亡势必导致人本身受伤或死亡。疾病是人类外在灵魂生气的表现，只有在最近一次看见龟的地方奉上祭品才能平息这种情绪。如果外在灵魂得到了安抚，病人便会康复；如果不奏效，病人便会死去。

在另一个非洲民间故事中，乌龟在同大象和河马两种大型动物的挑战中发挥着重要作用。乌龟想拥有同大象和河马一样的地位，但是大象和河马都认为乌龟太小了，不可能同它平起平坐。作为出色的谋略家，乌龟向这两种动物发起了拔河比赛的挑战，并成功让它们反目成仇。最终，大象和河马不得不承认乌龟拥有和它们平等的地位。赞赏这个故事的听众可能会认可乔治·奥威尔（George Orwell）的讽刺作品《动物庄园》（*Animal Farm*）（1946 年）中表达的观点：所有动物一律平等，但一些动物比其他动物更加平等。

当然，关于龟也有一些封建迷信的传说，人类学家和民俗学研究者詹姆斯·弗雷泽爵士（Sir James Frazer）在《金枝集》（*The Golden Bough*）（1890—1915 年）一书中写道：

> 动物常被用作驱邪或传播邪祟的工具……阿尔及利亚某些地区的人们认为，将乌龟翻过来，龟壳着地放在路上，再盖上锅盖，可以治愈伤寒。病人会因此康复，但是掀开锅盖的人会感染伤寒。

龟的一个常见用法是顺势疗法巫术或称为“相似律”：加拉（北非的一个民族）人看到乌龟，便会脱掉鞋子，踩到龟背上，他们认为这样可让他们的脚掌变得跟龟壳一样坚硬。切诺基的球员会用陆龟按摩腿部，希望借此方式将自己的腿变得跟龟腿一样强壮。

另有一个从1665年流传至今的迷信观念：加勒比人认为吃猪肉会让他们的眼睛变得像猪的眼睛一样小；食用乌龟会让他们变得跟乌龟一样笨拙又愚蠢。因此他们从来不食用这两种动物。

加尔文主义的基督教徒认为，乌龟象征婚姻中的“贤淑”，即女性应深居简出、恪守妇道。17世纪的荷兰，实利主义和家庭幸福间的关系成为热门话题。约翰·范贝韦尔维克（Johan van Beverwijck）在其《卓越女性》

龟成为17世纪荷兰的道德象征。

（*Wtnementheit des Vrouwelijke Geslachts*）一书中描绘的理想妻子不是站在世界之巅而是站在乌龟背上，她左手持火炬，完美地解决了承担家庭责任和面对外面精彩世界的诱惑之间的矛盾，在她身后，亚当在菜园刨地，夏娃在屋内织布。龟是道德的象征。如果一个妻子必须要出门，那么她就应该表现得像从未离开过家那样。

这种观念奠定了 18 世纪早期中欧某些教堂建筑的基础，有一座教堂供奉的是理想的贞洁妻子——圣母玛丽亚。该教堂建于 1730 年至 1734 年，位于波西米亚的奥博特维（Obyctov），由建筑师扬·布拉泽伊·圣蒂尼（Jan Blazej Santini）设计，外观呈龟形。四角的礼拜堂相当于龟的四肢，“龟”的脑袋面向东方，尾巴朝西。

然而，在早期的基督教艺术中，龟是邪恶的象征，公鸡则有警醒的寓意。龟躲在壳中，象征着黑暗和无知，而公鸡会在天亮时打鸣，代表着光明的觉醒。例如，在意大利东北部阿奎莱亚的大教堂的西门和地下室的镶嵌画中便有一幅公鸡与龟搏斗的画面。这幅镶嵌画是意大利最著名的早期基督教古迹之一，但没过多久，在公元 313 年之后（第一任主教西奥多时代）便被拆除了。作为圣经学者和最博学的拉丁教父，西奥多·圣杰罗姆（Theodore. St Jerome）（342—420 年）认为龟之所以行动缓慢，是因为背负着沉重的罪恶。龟与邪恶的关联源自《利未记》（*Leviticus*）第 11 章第 29 节：“地上这些爬行动物会使你不洁，如鼬鼠、老鼠和龟等。”

龟是邪恶的观点影响颇广，在荷兰画家耶罗尼米斯·博斯（Hieronymus Bosch）（1450—1516 年）作品中关于寓言和宗教场景中便有所体现，例如在他的画作《蛋中的音乐会》（*The Concert in the Egg*）中对乌龟就着墨甚少。文艺复兴晚期，威尼斯派画家雅各布·巴萨诺（Jacopo Bassano）（1510—1592 年）在创作一幅亚当与动物的画作（1590 年创作，现保存于马德里普拉多博物馆）时，将一对乌龟画在巨大画布的底部，寓意为乌龟处于无尽的黑暗之中。

在中世纪的意大利城市锡耶纳，龟是锡耶纳 22 个原始分区中龟区的标志物。从 14 世纪早期开始，每个分区便拥有两个军团和自己的标志性动物。分区是在理事会的治理下基于教堂和社会中心而形成的一种集体城市生活体系。市民会忠诚于自己所属的分区，该分区包含的大街小巷会用该区的标志性动物进行标记。现存的 17 个分区分为 3 个联盟：龟区位于城市的西南角，与鹰区、蜗牛区、波浪区、豹区和森林区毗邻。龟区区旗的主色调是蓝色和黄色，在 13 世纪早期方济会修士——帕多瓦的圣安东尼

17 世纪涌现了很多以龟为主题的艺术作品，比如在这幅由荷兰艺术家彼得·克拉斯（Pieter Claesz）1623 年创作的《五感》（*The Five Senses*）[亦称《静物与乐器》（*Life with Musical Instruments*）] 作品中，龟就代表着音乐的起源。

即使当今基督教徒认为龟是黑暗的象征，但仍有不少中世纪的插图手稿中出现了龟的形象。这两幅 1350 年的微缩图选自佛兰德斯的雅各布·范玛尔兰（Jacob van Maerlant）创作的《本质之花》（*Der Naturen Bloeme*）。（上）背腹甲壳颠倒的龟；（下）深海恶龟。

（亦称“异端之锤”和教堂圣师）的资助下，龟区居民在1684年建造了教堂。中世纪以来，这些分区都会参加锡耶纳赛马节（基督教节日举行的盛事，向获胜方授予锦旗），该赛事与其说是对骑手骑速的考验，倒不如说是对骑手智慧的考验。赛马节上，各分区会准备缤纷的旗帜和服装，场面盛大令人遥想当年各区军队的飒爽英姿和风采。

有一句波斯谚语曾经说过：“蔑视能穿透龟壳。”在中世纪，奥斯曼帝国逐渐取代了拜占庭帝国（罗马帝国的残余部分，主要为希腊人），而奥斯曼人也持有类似的观点，爱德华·吉本（Edward Gibbon）（1737—1794年）在其《罗马帝国衰亡史》（*Decline and Fall of the Roman Empire*）的脚注中写道：“杜卡斯是土耳其人对异教徒的蔑称……该词由迪康热（Ducange）提出 [《中世纪希腊词汇》（*Gloss. Graec tom.*）530页]……在希腊民间，龟代表的是违背信仰的行为。”

此外，美国不可知论者罗伯特·G. 英格索尔（Robert G. Ingersoll）表达了对托马斯·潘恩（Thomas Paine）观点的赞同，该观点认为“从长远的眼光来看，龟兔赛跑的最终获胜者一定是乌龟。”恐怖小说家斯蒂芬·金（Stephen King）认为龟成为“道德中立，明哲保身”的代名词。在其畅销小说《死光》（*It*）（1986年）中，斯蒂芬把龟这种原始生物塑造成一个无奈的创世者，一个披着各色外衣不断变化形态的邪恶力量——“我创造了宇宙，但请不要因此责备我”。

各种版本的神话随着信仰、故事和娱乐活动流传至今。

穿着彩色服装的龟区旗手。他随着阵阵鼓声挥舞着旗子，来展示自己的技艺。

坚持龟支撑世界理念的并不仅仅是驳斥宇宙理论的老太太。意大利城镇里的许多广场纪念碑也体现这一观念。在13世纪佛罗伦萨新圣母广场，青铜龟驮着两座方尖碑。这些青铜龟由佛兰德雕塑家詹博洛尼亚（Giambologna）于

受到詹博洛尼亚的影响，巴洛克风格的建筑师和雕塑家吉安·洛伦佐·贝尔尼尼（Gian Lorenzo Bernini）很可能在 1658 年修复兰迪尼建造的乌龟喷泉时，添加了这些执着抗争的龟。

1608 年设计建造，作为每年双轮战车比赛的转盘。1658 年吉安·洛伦佐·贝尔尼尼（Gian Lorenzo Bernini）在修复罗马马太广场优雅的乌龟喷泉（建于 1584 年）时，增建了龟。巴塞罗那安东尼奥·高迪（Antonio Gaudí）的新艺术教堂——圣家堂（始建于 1882 年）的“生命之树”底部是一只乌龟雕像。这个理念是现代奇幻小说《魔法的颜色》（*The Colour of Magic*）（1983 年）的创作基础，这部小说是特里·普拉切特（Terry Pratchett）《碟形世界》（*Discworld*）[《圆形世界》（*Roundworld*）的姊妹篇］系列小说的第一部，其序言为：

在那遥远的多次元空间，在那不会飞升的星际

同龟支撑世界的理念相似，佛罗伦萨新圣母广场伫立的两座方尖碑也是由龟支撑的。这两座方尖碑建于1608年，常作为一年一度的双轮战车比赛的转盘。受到米开朗琪罗影响的佛兰德雕塑家詹博洛尼亚(Giambologna)(1529—1608年)为其设计了一组青铜龟雕塑。

巴塞罗那高迪新艺术教堂——圣家堂中石龟驮着柱子。

平面上，星雾蜿蜒飘散，分分合合……看……巨龟大阿图因来了！它缓缓地游过星星之间的深渊。氢气成霜，凝在它粗壮的四肢上；陨星擦过它庞大古老的龟甲，落痕斑斑。它那巨眼，足有万顷。眼角黏液混合星尘，结成痂壳。它定定地望着“终点”。

它的脑袋大若城池，肤质厚重，传导缓慢。它考虑的只有一件事：重量。四只巨象拜瑞利亚、图布尔、大图峰和杰拉撑起大部分重量。它们宽厚的肩膀，染着星辉，托起碟形世界。这世界无比辽阔，四周环绕着绵长的瀑布，笼罩着蔚蓝色的天堂穹顶。

在后来的《无名小神》（*Small Gods*）（1992年）中，会说话的龟很快就被揭晓是大神奥姆，现代的神秘学者用婆罗门的名字表示精神实质或真善与真理。

2002年，特里·普拉切特54岁时，他的《碟形世界》系列小说已创作了26部。这部书融合了奇幻、幽默、讽刺等风格，讲述了发生在女巫、巫师、矮人族和精灵之间的故事，吸引了各年龄层的读者。关于创作的灵感来源，普拉切特在《卫报》（*The Guardian*）的报道中回答了这个问题，他说：“灵感来自世界神话，我直接偷走然后逃之夭夭，从中进行了大量借鉴。”

保罗·曼宁（Paul Manning）是迈克尔·弗莱恩（Michael Frayn）的小说《俄国译员》（*The Russian Interpreter*）（1966年）的英文版的译者，他曾说过：“我对周围的环境感到不满。”他的俄国女友卡捷琳娜（Katerina）回答道:“你周围的环境也是你的一部分。我们在环境中生活,就像龟得驮着龟壳一样。”这句格言让曼宁的心灵得到了慰藉。

在妮娜·包登(Nina Bawden)的小说《烛光下的龟》(*Tortoise by Candlelight*)(1963 年)中,14 岁的埃米在祖母去世后变成了家里的顶梁柱,醉醺醺的父亲身体孱弱;姐姐的感情生活也遭遇波折;8 岁的弟弟则是个喜欢小偷小摸的骗子,还在他自己的床下养了两只龟。如同龟支撑世界一样,埃米支撑着这个家,引导这个家庭走出困境,她认为这一切都是暂时的。像时间一样,龟似乎也是永恒的,就如萨尔曼·鲁西迪(Salman Rushdie)的小说《午夜之子》(*Midnight's Children*)(1981 年),作者试图在狂热的想象中运用魔幻现实主义手法来确定自己的身份:“我可能是只象。可以像月神一样掌控江河湖海,降下甘霖……母亲可能是卡什亚普的王后艾拉,这只老乌龟是地球上所有生物的神明和祖先。”

乌龟与音乐之间也一直存在着联系。罗伯特·骚塞(Robert Southey)在他去世后才出版的《平凡之书》(*Common-place Book*)(1849 年)中写道:在尤卡坦州,人们将保存完整的龟壳制成乐器。不甚讲究的游客常会购买这些简陋的乐器以作留念。确切地说,由里拉琴衍生的吉他、贝斯和钢棒吉他等都是芝加哥摇滚乐队——乌龟乐队以轻松风格演奏的主打乐器。这种没有歌词、风格独特的曲风足以用“龟派”(Tortesian)一词形容,音乐评论家帕特里克·高夫(Patrick Gough)借用古希腊古典文学来更

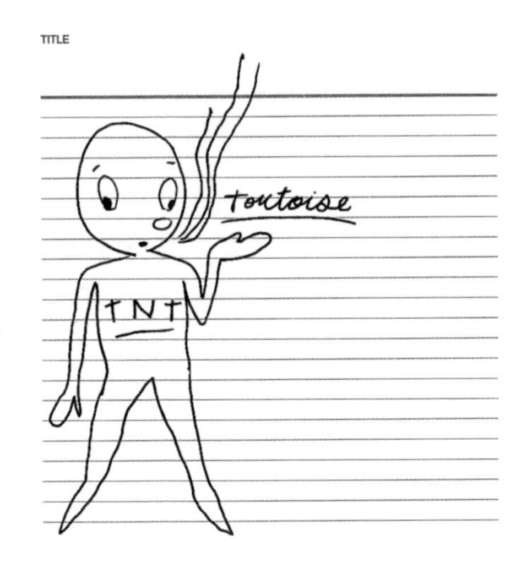

乌龟乐队 CD 的封套。

为准确地描述这种声音：

乌龟乐队的音乐具有史诗般的品质，既宏大又不张扬。既然我用“史诗”来形容这种音乐，那我再用一个文学类比来描述这个乐队。乌龟乐队的成员都曾演奏过朋克摇滚，但他们现在演奏的是一种更柔和、更复杂的音乐。这有点像从荷马的《伊利亚特》(*Iliad*) 到《奥德赛》(*Odyssey*) 的音阶变化，在《伊利亚特》中希腊战士怒火中烧，充满了高昂的斗志，但在《奥德赛》中，特洛伊战争后这些希腊人已近中年，变得更加深思熟虑、冷静和庄重，但是心中热情不减。这些主题是那些只有到了一定年龄阶段的人才能体会到的，乌龟乐队低沉的音乐风格已成为这一代朋克摇滚乐手的音乐经典，这一代人试着从容地与青春作别，但心中仍有对音乐的不懈追求，热情不减。

有一种说法认为梦到乌龟的人是性格内向的人，这类性格的人常会藏起自己脆弱的感情。现在仍有一些迷信说法认为佩戴龟甲制作的手镯可以辟邪挡灾，或者认为龟油有止痛的作用。还有一种更迷信的止痛方法，就是将龟脚绑在痛风病人不疼的那只脚上。20 世纪 60 年代，肯尼亚的一家欧洲医院认为一只 2 英尺[①] 长的乌龟能治愈背部疼痛。病人坐在这只“龟医生”的背上，几秒钟后所有疼痛都消失了。例如：这家医院的首席实验室技师是一个英国人，曾因为背部的疼痛不得不放弃了高尔夫球，但经过“龟医生”的治疗，他几乎立刻就痊愈了，并且每周可以打五场球。有人说这种迷信是基库尤部落的古老疗法，也有人说是来自南非的祖鲁人。

---

① 1 英尺 =0.3048 米

第三章　博古论今

在漫长的历史长河中，龟与诸多事物联系紧密，人们使用龟为某些事物命名或者将其作为某些信仰的基础。有些象征意义已经消失或发生变化，而与信仰有关的潜在寓意仍然存在，但已经与龟毫无关系；有些象征意义则从古代一直延续至今。现代社会有时也会追溯这种关联性。

例如，考古学家会用史前动物名称为一项史前石器制造技术命名。一项被称为石核或龟核的技术常见于非洲、亚洲和欧洲。从砾石或石材上打下石片，以剩下的石核作为工具来使用。先将石块从石料上剥落，然后将剥落的石块打磨成形，最终制作成理想的石器。理想情况下一击即可成功。这种石片可被快速制成一种工具，通常为直边手斧或剥皮刀。这项技术要求原始人（包括被智人取代的低眉尼安德特人）在制作这些早期工具时要有更多智慧和技能。如果说带有一些实用价值的用途，那大概会是中国古代用龟壳进行的占卜术。这种占卜术在商朝晚期（前1200—前1045年）的宫廷尤为盛行。商朝处于青铜文明时期，社会阶层和政府机构分明，也是中国历史上第一个王朝（前1523—前1027年）。这个时期的甲骨文是东亚最早的书面文字。已发现的甲骨文字约为4500个，一些甲骨文图案代表的文字很容易辨认，如圆环中加一个点代表太阳，十字架上方加一个开口向上的半圆表示牛。

龟的背甲象征天空，腹甲象征大地，寓意龟是天地之间的使者。因此，人们认为龟拥有博学的知识和预言的能力。在面临人生或国家大事时，人们会进行占卜，然后根据占卜的结果做出决定，从而避免了犹豫不决或无所作为。“干燥的龟壳虽然没有意志，但是可以预知未来。”占卜可用于预测农耕收成、宅基的凶吉、天灾人祸、狩猎远征、军事行动甚至解梦及天气预报等。占卜不仅可以预测吉凶，还可消除迟疑。在迷信盛行的社会，占卜者阐释的神谕常会被拿来跟王公大臣的意见进行比较。

占卜时要先洗净擦亮龟壳，用烧红的金属棒炙烤龟甲，然后根据由此产生的裂纹阐释占卜结果。占卜者根据裂缝出现的形状、声音或速度来解释占卜结果。要进行占卜必须猎杀乌龟获取龟甲，在公元前的两千多年里，成千上万的占卜者在进行着这种伪科学，这也造成了这类龟的灭绝。但它们的龟壳在寺庙中保存了下来，考古学家在河南安阳商代都城遗址发掘出了大量的龟甲，这里曾是龟类的栖居地，而这些龟是当地的一种美食。孔子显然强烈反对这种占卜术，他在《论语》中写道：

子曰：“臧文仲居蔡，山节藻棁，何如其知也！”

大意是说，孔子说：“臧文仲在府上养着一只巨大的乌龟，府上的装修搞得跟天子祭祀宗庙规模相当，怎么可以

占卜者所用的龟壳。只有占卜者可以解释这些裂纹代表的寓意。

说他是有智慧的人呢！”

孔子认为臧文仲不是智慧之人，因为臧文仲为龟提供奢华的住所之举，不仅表明了臧文仲迷信龟壳占卜，而且僭越礼制。由于过度捕杀和环境变化，龟的数量越来越少，人类开始使用竹签代替龟壳进行占卜，去庙里求一支签，签文可预示未来命运，这种占卜方式一直延续至今。在 1996 年和 1999 年发行的中国纪念邮票上出现了龟甲的这块公元前 1100 年巴比伦的界石，被称作“永恒边界之碑”，见证的是将一块玉米地卖给一位高官的交易。任何移动和损毁该界石的人都会受到诅咒。界石上雕刻的浮雕中有乌龟的形象。

图案，每块龟甲上都刻有铭文。

热衷于航海和贸易的厄基纳人效仿小亚细亚西部的吕底亚人，是最早发行货币的欧洲人，货币的应用使地中海地区的交易更加便捷。

地中海地区是龟类的天然家园，这一点无不在神话、文学作品和工艺品中得到印证。在古希腊，陶器常用作死者的随葬品。希腊最早发行的一批硬币是埃伊纳岛的银“龟”币。这种银币大约于公元前 6 世纪铸造，它们比之前使用金属块、工具和牛等交易方式更先进，使用寿命也更为长久。从象征意义上说，这些硬币可能与阿斯塔蒂（腓尼基商人崇拜的女神）的象征物——海龟有关。龟还是埃伊纳岛的守护女神——阿佛洛狄忒的象征。

生活在同时期的寓言家伊索，以龟为原型创作了至少三个寓言故事，他以故事的方式向人们讲述道理。有一个“乌龟如何得到龟壳”的故事讲的便是所有动物都去参加了宙斯的婚礼，只有乌龟宁愿宅在家里不去，这使宙斯很生气，便诅咒乌龟要终生背着自己的房子。“龟和鹰”的故事告诉我们，好高骛远会使人无视明智的建议。老鹰告诉乌龟它无法教乌龟飞行，但是乌龟还是纠缠不休。这让老鹰很生气，它便抓起乌龟，飞到了高空，然后将乌龟丢了下去。还有一只老鹰依这个办法破开龟壳，吃掉了乌龟。

《本生经》（*Kacchapa Jataka*）中收录的印度民间故事中也有类似的传说，乌龟用嘴叼着木棍，两只鸟用脚抓着一根木棍，将龟带到空中。龟听到小鸟的嘲讽，便张嘴回应，结果掉到地上摔死了。在另一个版本中，未来佛对一位喜欢喋喋不休的国王进行劝谏，讲了这个故事。当国王看到宫殿庭院中摔成两半的乌龟时，他明白了这个故事的寓意，从此以后再也不敢多说话。在这个故事的西藏版本中，喜欢自夸的龟是为了告诉地上的孩子：想出这个飞往天空的好方法的是它自己，而不是白鹭。结果它张口说话，把自己摔死了。罗马人使用“龟会飞”的谚语表示“不可能的事情”，类似于英语中的“猪会飞”（Pigs might fiy）。在另一个故事中，埃斯库罗斯于公元前456年在西西里的杰拉遇难，据说是因为当时有老鹰抓起乌龟，打算把乌龟摔在石头上打碎硬壳、食取龟肉，而这位悲剧作家的光头不幸被老鹰当作了石头。在老普林尼的《自然史》（第5卷第3章）、瓦莱里乌斯·马克西姆斯（Valerius Maximus）的1世纪典范大全《善言懿行录》（*Factorum ac dictorum memorabilium libri*）以及弗朗索瓦·拉伯雷（François Rabelais）16世纪出版的《巨人传》（*Gargantua and Pantagruel*）（第4部第17章）都记载了这个故事。但今天的很多学者认为这个故事是杜撰出来的。

在乔纳森·斯威夫特（Jonathan Swift）的《格列佛游记》（*Gulliver's Travels*）（1726年）中，主人公在大人国也经历了类似的危险：

> 头顶传来一阵翅膀挥舞的声音，我开始意识到我的处境十分不妙，这些老鹰开始用喙叨我箱子上的圆环，想借此把箱子摔在石头上，就像对待缩在龟壳中的龟一样，打破箱子后，它们会拖出我的身体吃掉。这种鹰非常机敏，发达的嗅觉让它在很远的地方就能发现猎物，因此，尽管我藏在两英寸厚的箱子里，还是被它们发现了。

幸运的是，这只鹰将箱子丢进了海里，格列佛得以逃生。

《伊索寓言》(*Aesop's Fables*）中，最脍炙人口和广为流传的故事莫过于“龟兔赛跑”，该故事告诉人们只有勤奋坚持不懈的人才能获得比赛的胜利。1668 年，让·德拉封丹（Jean de La Fontaine）以诗歌的形式重新讲述了这个故事，玛丽安·摩尔（Marianne Moore）在 1954 年将其翻译成英文。插画家亚瑟·拉克姆（Arthur Rackham）(1867—1939 年）为这个故事创作了插图。德拉封丹还重新讲述了龟与两只野鸭的故事，命名为《乌龟和两只野鸭》(*The Tortoise and the Two Ducks*)。“龟兔赛跑”的故事寓意清晰明了。马尔萨斯（Malthus）在其《人口原理》(*Essay on the Principle of Population*)(1798 年）一文中指出贫穷是不可避免的，因为人类人口以几何级数增加，而食物却以算数级数增加，简而言之，“看起来就像乌龟在追赶兔子。”在威廉·梅克比斯·萨克莱（William Makepeace Thackeray）的《潘丹尼斯》(*Pendennis*)(1848 年）中，作者仅用两句话就描述出一个性格缺陷：“它睡着了，乌龟赢得了比赛的胜利。从一开始，他就毁掉了本应辉煌的职业生涯。”美国讽刺幽默作家安布罗斯·比尔斯（Ambrose Bierce）(1842—1914 年）在《伊索寓言新补》(*Aesopus Emendatus*）中以 19 世纪末期的反转视角重新讲述了这个故事：

兔子嘲笑乌龟行动缓慢，乌龟不服气，挑战兔子进行赛跑，并请来狐狸在终点做裁判。它们一起

“龟兔赛跑”插图［约翰 · 弗农 · 洛德（John Vernon Lord）绘］

自 1968 年起，麦考密克拖拉机就已经在其变速箱上以图画形式来明确标明快慢。

从起点出发，兔子以最快的速度向前跑去，乌龟别无他法，只能慢慢地向前爬。过了一段时间后，乌龟在路边发现了兔子，兔子已经睡着了，这使乌龟看到了胜利的希望，于是乌龟以自己最快的速度向终点爬去，几小时后筋疲力尽的乌龟终于到达了终点，并且宣布自己获得了最终的胜利。“不是的，”狐狸说道：“兔子很久之前就到了，然后又回去为你加油了。”

安妮塔·布鲁克纳（Anita Brookner）在她的小说《杜拉克酒店》（*Hotel du Lac*）（1984 年）中表达了同样的观点：

什么是最有说服力的神话？……那就是龟兔赛跑……兔子坚信自己有得天独厚的优势，认为乌龟并不会对它构成威胁。这就是兔子胜利的原因。

现代幽默作家将这个故事推翻，进行了重新演绎。稳扎稳打的胜利不一定适用于瞬息万变的世界。

伊丽莎白·詹金斯（Elizabeth Jenkins）清晰地阐明了小说《乌龟和兔子》（*The Tortoise and the Hare*）（1954 年）的主题。这是一部更加关注情感的自传体小说，包括三个主要角色：分别是全心全意爱着自己丈夫的伊莫金、伊莫金事业有成的丈夫伊夫林和抢走伊莫金丈夫的破落户邻居布兰奇。这些角色的生活空间描述得很有立体感，故事的叙事方式也很优美，小说一个吸引读者的地方便是对两位女性谁是龟，谁是兔子的猜测。

汤姆·斯托帕德（Tom Stoppard）经常以边缘人物为题材进行戏剧创作，其在《跳高者》（*Jumpers*）（1972 年）中塑造了在哲学论证中被捕杀的兔子、龟、金鱼等脆弱生物形象。在《阿卡迪亚》（*Arcadia*）（1993 年）中，沉睡到可以充当镇纸的乌龟普劳图斯似乎并不是什么重要角色，但是它最终成了戏剧中连接过去和现在的纽带。

20 世纪 90 年代，诗人卡罗尔·安·达菲（Carol Ann Duffy）为《伊索夫人》（*Mrs Aesop*）创作了一段戏剧独白：

漫步在这悚人的夜色中，沟渠内有一只正在打盹的老兔子——他停下脚步，记了下来——又往前走了大约一英里，看到了一只龟，似乎是什么人的宠物龟，正在慢慢地爬到路上，那速度就像是婚姻。缓慢但笃定，伊索夫人赢得了这场比赛。太可恶了。

什么比赛？什么酸葡萄？什么丝绸钱包、母猪耳朵、马槽中的狗，什么大鱼？随着故事走向，直面道德本身，有时我很难保持清醒。伊索夫人，行动胜于语言。

伊索先生清醒的时候十分擅长讲道德寓言故事。

另一场著名的比赛发生在古希腊的英雄阿喀琉斯（Achilles）和乌龟之间，但是这个故事没有经受住时间的考验。公元前 500 年左右，埃利亚的著名哲学家芝诺（Zeno）提出了阿喀琉斯悖论，其中一个例子就是参加特洛伊战争的英雄阿喀琉斯和龟之间的竞赛。因为身手矫健的阿喀琉斯的奔跑速度为乌龟的 10 倍，所以他让乌龟在他前面 100 米处起跑，他在后面追，但他不可能追上乌龟。因为在竞赛中，追者首先必须到达被追者的出发点，当阿喀琉斯追到 100 米时，乌龟已经又向前爬了 10 米，于是，一个新的起点产生了。而当他追到乌龟爬完的这 10 米时，乌龟又已经向前爬了 1 米，阿喀琉斯只能再追到那个 1 米。就这样，乌龟会制造出无穷个起点。简而言之，在芝诺的悖论中，龟总是跑在阿喀琉斯的前面，而阿喀琉斯永远也追不上这只龟。

列夫·托尔斯泰（Leo Tolstoy）在《战争与和平》（*War and Peace*）第 11 章的开篇就探讨了这个问题：

虐待动物并不是什么新鲜事。在这个希腊西部的红绘壶（公元前360—前350年）上画着一个穿着精致束腰外衣的女孩，她正在用绳子吊着一只龟来逗弄狗。

运动的绝对连续性是人类智慧所无法理解的。人类只有从运动中任意撷取一些片段加以观察，才能理解这种运动的规律。不过，把连续的运动分割成不连续的片断，这是造成人类大部分错误的原因。

我们都知道这是古人的诡辩，用于证明阿喀琉斯永远追不上乌龟，即使他的奔跑速度是乌龟的10倍。一旦阿喀琉斯追上他和乌龟之间的距离，乌龟便会向前挪1/10米的距离，阿喀琉斯追过这1/10米，乌龟会再向前挪1/100米，以此类推，直至无穷。这个问题在古人看来是无解的。

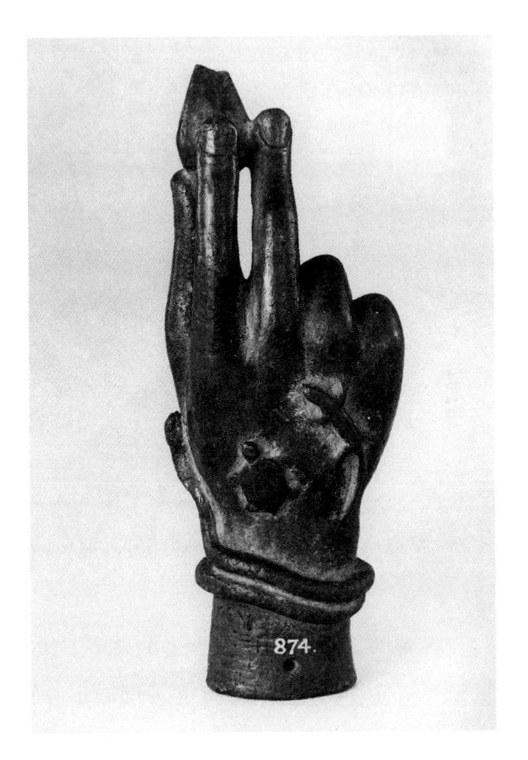

此图为罗马 2 世纪到 3 世纪弗里吉亚萨巴神的祈愿青铜手。这只手上雕刻着宗教符号，做出拉丁祈福的手势。

这个结论（阿喀琉斯永远追不上乌龟）的不合理性在于任意假设的运动单位是不连续的，而实际上阿喀琉斯和龟的运动都是连续的。通过采用越来越小的运动单位，我们便能解决这个问题。

托尔斯泰对历史运动规律也进行了研究，发现当中存在完全一样的问题。芝诺悖论中存在陷阱，数学知识可以跳过这个陷阱，解决问题。尽管希腊人精通几何学，但是他们缺乏对这个问题的精确表述。无论是通过代数运算还是标绘距离与时间的关系图都可以证明，如果阿喀琉斯以阿喀琉斯和乌龟比赛的芝诺悖论图解。

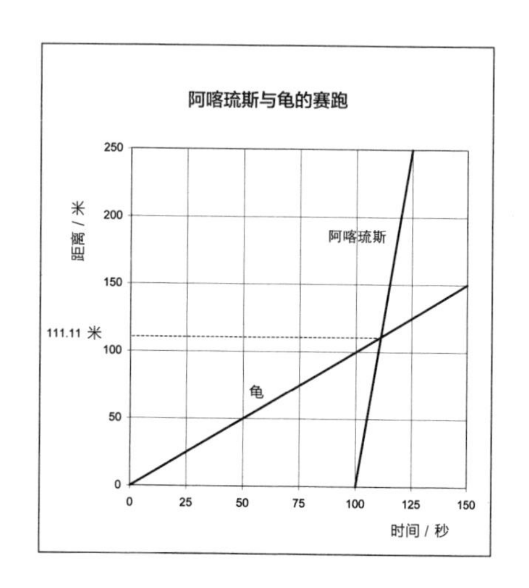

乌龟 10 倍的速度奔跑，他可以在 111/9 秒或 111.11 米后超过乌龟。

古希腊数学家亚历山大港的希罗（Hero），是公元 1 世纪享有盛誉的发明家，主要发明有水力风琴和汽转球。不过他只是展示了原理，并没有在现实中制成实物。他还发明了一个放在滚轴上的木制乌龟框架或者吊架，用绞车拖动它，就可轻松搬运石块等重物。

希罗发明的用于搬运重物的省力机械。

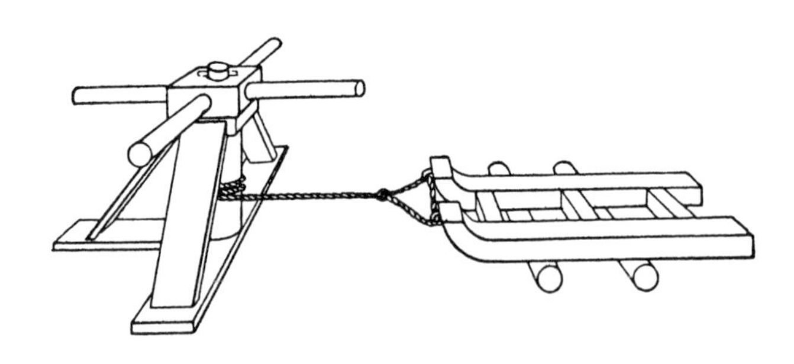

坐落于佛罗伦萨波波里花园的喷泉雕塑。该雕塑建于 1560 年，造型是科西莫一世（Cosimo I）的宫廷侏儒彼得罗·巴比诺（Pietro Barbino）骑坐在一个乌龟上模仿罗马酒神巴克斯。

罗马建筑的“龟式建筑”是指带有拱形屋顶的房屋。建筑物内部的装饰与外部风格相映生辉。公元前使用的龟甲通常取自海龟，因其具有装饰价值而成为商贸物品，例如菲律宾从印度尼西亚东部把来自异域的龟甲运往中国南部地区。从公元 1 世纪到 3 世纪，龟壳从印度传到了西方，罗马帝国的贵族将它用作装饰品，其中一个用途就是用于家具饰面。普林尼在《自然史》中曾说过：将龟甲切成小块用于装饰床柱和橱柜的做法是由卡维里乌斯·波利奥（Carvillius Pollio）引入的，他在制作奢华器皿方面技艺高超，天赋非凡。因此他在公元前 80 年左右受到人们热烈追捧。在爱情诗人奥维德（Ovid）创作的《爱的艺术》（*Ars Amatoria*）（公元前 1 世纪左右）一书中，提到了西林尼龟壳发夹，据说其来自阿卡迪亚的西林尼山，那里是里拉琴的发明者墨丘利的出生地。

在罗马，龟甲阵是军队的一种阵型。在攻击筑有城墙的城池时，前排的士兵会把盾牌举在前面，而后面的士兵则把盾牌举在头顶。从上方守城者的角度来看，这阵型很像一只龟。罗马长盾是长方形，长度超过 1 米，宽度则不足 1 米。盾体共有 4 层：两层木质材料、一层帆布材料、一层皮质材料。盾牌的上下边缘均用铁镶边，中央有凸起，可有效地抵御箭、长矛、石块和火把的攻击。理想情况下，飞来的武器会受格挡，滚落到地上。为了达到最佳的队形效果，士兵们需要有组织地逼近敌人，这就要求在训练中，每一排士兵站得都要比后一排高一些。在盾牌的保护下，士兵能够顺利抵达城墙，然后在城墙上打开一个缺口。如果城墙不是很高的话，其他士兵可以踩着龟甲阵型士兵的盾牌爬上城墙。如果城墙很高的话，他们就会使用爬梯攀越城墙。

然而，这种攻城战法却无法与希腊数学家兼发明家阿基米德（Archimedes）在第二次迦太基战争（公元前218—前202年）期间设计的尖端精巧的火炮相媲美。在第二次迦太基战争中罗马军队包围了阿基米德家乡锡拉库萨。该城被围困了两年都毫无进展，直至公元前212年某个节日，有人将城墙上炮火薄弱的位置告密给了罗马人，罗马军队才有机会趁着过节偷偷进行夜袭。这座城市被占领后，阿基米德被一位罗马士兵杀害，原因竟是他当时沉浸于某个数学问题而没有及时回答这个士兵提出的问题。

因为这项技术在对抗比罗马人更原始的敌人时非常有效，所以大家纷纷效仿，正如尤利乌斯·恺撒（Julius Caesar）在对高卢战争（公元前58—前51年）的描写中所说的那样：

> 比利其人同其他高卢人的攻城方式一样。他们先用大量兵力将城墙四面围住，然后从各个方向向城墙上投掷石块；当他们消灭了城墙上的守卫士兵后，便将盾牌固定在头顶上方，逐渐向城墙靠近，最终攻破城池。

根据吉本的记载，公元626年君士坦丁堡被围困时他们仍然使用了这项战术。在连续10天的战斗中，阿瓦尔人与波斯人不断地向该城发动袭击，在此期间，还对进攻方法进行了改进；他们利用坚固的龟甲阵不断向前推进，然后开挖或敲碎城墙。从这种龟甲阵逐渐衍生出一种可移动的攻城棚——一种可以携带武器（如破城锤）的轮式装置，其重量堪比铁蹄梁，可以增加攻城威力。这种战术并没有随着罗马帝国而消失。16世纪末，朝鲜海军用龟船（一种铁甲战舰）抵御来自日本南部入侵者的不断侵袭。在陆地战场中，人们使用攻城机作战的战术一直延续到了17世纪。这种机械还有另一个人尽皆知的名字——“矮胖子”，该名称源自一首英语国家孩童都耳熟能详的童谣。

牛津钦定民法讲座教授、罗马法学权威戴维·多布（David Daube）对这首童谣的来源进行了研究，并于1956年得出结论，即“矮胖子”指的是龟甲状攻城装置，并匿名公开发表了该论断。多布研究的第一条线索就是童谣不断变换的节奏，这预示着“矮胖子”比通常所说的蛋更结实牢固。多布认为，“矮胖子”指的是一个攻城装置，形状类似巨龟。具体来说，就是英国内战（1642—1651年）期间格洛斯特保皇派所用的武器。格洛斯特是圆颅党（议会派）的要塞城市，那里是保皇派从威尔士向伦敦推进路上要夺取的重镇，由议会派的军事力量占领。格洛斯特重要的战略地位不言而喻。1643年8月10日，查理一世和他的军队包围了该城并使用了该攻城装置攻城：

“矮胖子”坐墙头。

根据编年史家拉什沃思（Rushworth）的记载，奇灵沃斯（Chillingworth）博士给出的攻城策略是攻城装置缓慢向前推进，直至进入城池的壕沟。攻城装置前方是一座桥，可以搭在防御墙上成为步兵进攻的通道。但是这些战术都没用上，因为这个龟形装置摔进了沟里：

“矮胖子”摔了一个大跟头。

保皇派的骑兵试图挽回败局，但是他们已经无力回天：

就算国王的全部兵马都在场也没办法把它再修好。

1643年9月5日，格洛斯特被伦敦学徒们组成的武装组织解围。

这只是一场以龟为代称的失败战役。关于龟的联想，好的也罢，坏的也罢，总体上主要还是道德榜样。同时，大千世界，岁月蹉跎，乌龟还有很多敌人，而最主要的敌人便是人类。

第四章　商业价值的开发

尽管龟看起来毫无实用性，但仍是一种人类所需的资源。它们不能胜任任何工作，但可用作食物或药材。龟壳可制成耐用的装饰品或容器，还可用于占卜；而且整只龟也可以进行买卖交易。人类对龟的开发利用都是为了自身的利益。例如，在近 10 个世纪的时间里，沙漠陆龟制品已经成为美洲土著人的日常用品和祭祀用品。

龟壳磨成的粉可缓解胃部和泌尿系统的不适。完好无损的龟甲是一个天然的容器，可制成碗、长柄勺、儿童用汤匙、挖土铲或制陶工具。许多仪式上都使用了龟壳制作的器皿以及其他龟壳制品，如项链、摇铃等。摇铃的制作方法是将上下两片龟甲固定在一起，然后在里面放入石子或坚硬的植物种子，再将开口密封好，就可以发出沙锤一样的声音。这些工具极具使用价值，因此常被用于交易买卖。龟骨还可用作占卜或游戏计数器。岩石艺术和编制工艺的图案都具有象征意义。南派尤特的一个部落会用龟肉诱捕小鹰，然后将小鹰饲养长大，用于一些祭祀仪式。

龟有多种烹饪和食用方法，常见的是在野外露营时用火烧烤或炖汤。人类经常会带狗去猎杀乌龟。狗可以通过乌龟的气味找到它们的洞穴，然后人们使用水将龟引诱出来或者用长钩将它们钩出来。在美国西南部的一些考古遗址中发现，对沙漠龟的捕杀可以追溯到9500年前，直到大约150年前才逐渐停止。当地人认为，土地是一种可终生利用的公共资源，并且可以传给子孙后代，因此这些土著部落并没有将乌龟赶尽杀绝。并不是所有的部落都会为一己私利开发利用龟的实用价值的。

一些国家因某些迷信观念禁止捕杀食用乌龟。例如，法国的航海家弗朗索瓦·皮拉尔（François Pyrard）在17世纪早期访问印度洋的马尔代夫后评价道："这些岛民从不吃任何龟类，他们认为龟与人类存在亲缘关系。"水手们对龟的态度则截然不同。他们与这片土地毫无关系，只是这里的临时访客，他们可以将任何想要的东西装上船，而

19世纪的乌干达吊坠。

无须考虑这些行为造成的影响。

15 世纪末，欧洲航海家的探索之旅开始后，龟的命运便掌控在一群饥肠辘辘的新捕食者手中。几千年来，乌龟的繁衍生息几乎不受外界侵扰，但航海时代的水手们打破了这种平静的生活。例如，来自埃尔多拉多的沃尔特·雷利爵士（Sir Walter Raleigh）（1552—1618 年）曾出海寻找黄金城，他在《发现圭亚那》（*Discovery of Guiana*）（1596 年）一书中写道："我们发现了数千个龟蛋，这些蛋是对身体非常有益的营养品。" *Tortuga*（龟）是晚期拉丁语 *tortuca* 的西班牙语说法。在丹尼尔·笛福（Daniel Defoe）的《鲁滨逊漂流记》（*Robinson Crusoe*）（1719 年）中，主人公漂流到的海岛上就有很多龟：

> 我没有必要冒险，因为不缺食物，更何况我的食物十分可口，尤其是山羊肉、鸽子和龟这三种，再加上葡萄。如果就每个人平均享用的食品数量而言，即使是伦敦勒顿豪集市，也不能提供更丰盛的种类。虽然我境况悲惨，但还是应感激上天，因为我不但不缺食物，而且十分丰盛，甚至还有珍馐佳肴……
>
> 我是这块领地的主人，假如我愿意，我可以在我占有的这片国土上封王称帝。我没有敌人，也没有竞争者与我来争权争势。我可以生产出整船的粮食，可是这对我没有用处，我只要生产足够我吃的粮食就行了。我有很多的龟鳖，但我只要偶尔吃一两只就够了。

人们认为龟具有药用价值。蒙田（Montaigne）（1533—1592 年）在其《孩子与父亲的相似性》（*Of the Resemblance of Children to Fathers*）一文中，对那些不专业的无知医生进行了抨击，并列举了一些庸医的药方：

> 他们大部分药物通过一些神秘兮兮的方式来选择，如龟的左脚、蜥蜴的尿液、大象的粪便、鼹鼠的肝脏、白鸽右翼下的血液等；用老鼠粪便的粉末治疗腹痛（他们将我们的痛苦视同儿戏），这些类似的把戏看起来更像魔法，而并非真正的科学。

在莎士比亚的戏剧《麦克白》（*Macbeth*）（1606 年）中，围着大锅烹制毒液的三个女巫对于乌龟知之甚少，但在《罗密欧与朱丽叶》（*Romeo and Juliet*）（创作于 16 世纪 90 年代中期）最后一幕的开场，罗密欧去一个贫穷的药剂师那里买了一种强效毒药，在这个破败的药店里就悬挂着一只乌龟。伦纳德·马斯科尔在其《卡特尔Ⅲ》（*Third Booke of Cattell*）（1627 年）中写道：

> 筋腱或神经断裂或者身体擦伤后……伊会将一片龟肉放置在伤口上，佐以毛蕊花粉进行按摩。

西印度洋和东太平洋的巨型龟处境比较危险。1645 年，葡萄牙人在毛里求斯东北偏 350 英里的地方发现了这种巨型龟。弗朗西斯·勒高（Francis Legaut）在 1691 年探访了印度洋火山岛——罗德里格斯岛，并在几年后创作了一篇介绍这种巨型龟美食的文章：

> 我曾见过一只重达 100 磅的巨型龟，它的肉可供多人食用。龟肉营养丰富，口感跟羊肉相似，但比羊肉更加细腻。脂肪呈乳白色，极易消化，不会造成积食，因此可尽情享用这种美食。这种油脂可媲美欧洲最好的黄油，涂抹这种油膏可以有效缓解饮食过度、感冒、抽筋和其他不适症状。龟的肝脏也是一种绝佳的美食，极致的美味让人不禁赞叹，这是一种无须过多烹饪技巧即可享用的天然美味。

龟肉羹也是一道美味佳肴。勒高写道：有时能遇到有两三千只龟的龟群，踩在它们背上能走出 100 多步……而一个半世纪后，这种场面却很难再现了。罗德里格斯岛的巨型龟已经因为人类的捕食而灭绝。1864 年，一支科学探险队对该岛进行了考察，他们发现了这些陆龟一碰即碎的龟壳碎片，而这些破碎的龟壳是证明这个物种曾经存在的唯一证据。

在印度洋同一区域的马斯克林群岛，有一种善于奔跑的龟，体形大，但体重轻，因此可能是乌龟当中全世界唯一的轻量级赛跑高手了。由于缺乏天敌，这种龟进化出了轻薄的龟壳，且龟壳上颈部和四肢的开口更大，更方便这种龟的运动。因此这种龟也拥有更快的运动速度。但即使如此，它们依然跑不过人类。17 世纪早期人类来到这里，同时带来了猎狗，开始了对这些龟的捕杀。之前没天敌的时候，这种龟成群结队地在岛上活动。但在 19 世纪早期，这种龟最终灭绝。伦敦自然史博物馆的生物学家将马斯克林群岛山洞中发现的龟骨磨成粉末，并从中提取了 DNA，通过分析，部分重现了这类龟过去的生活。

在《小猎犬号航海记》(*Beagle*) 一书中，查尔斯·达尔文记录了 1835 年 9 月 17 日访问加拉帕戈斯群岛的情况：

> 晚饭后，我们一群人上岸去抓乌龟，但是没抓到。岛是爬行动物的天堂。除了三类海龟，还有数量庞大的陆龟，西普斯一行人在很短时间内就捕获了 500~800 只龟。

他在 9 月 26 日和 27 日的日志中做了更详尽的描述：

> 有些龟个头非常大，当时负责管理这块殖民地的英国人罗森先生告诉我们，有些龟的个头非常大，需要 6~8 个人才能抬起来；有的龟不计龟壳重量就已重达 200 磅……这种动物的大部分肉都可食用，既可作为鲜肉食用，也可经过腌制进行储存，还能从脂肪中提出精致清澈的油脂。人们捉到乌龟后，会先在其尾部的皮肤上划一道豁口来查看其龟壳下的脂肪够不够厚。如果不厚，他们就把这只龟放生；据说乌龟的这种伤口很快就能痊愈。

这种美食对达尔文没什么吸引力，但对水手而言，这种美食是漫长枯燥的太平洋航行中的一种享受。他们会饲养这种巨型龟，当腌肉吃腻了就杀一只换换口味。

在本土环境中，巨型龟面临的另一个威胁是栖息地的破坏。外来动物会跟它们争夺食物，如会打洞的猪，还有山羊。幼龟也会成为这些动物（比如老鼠）的食物。鸟类也是它们的另外一种威胁，例如加拉帕戈斯岛上的秃鹰。1842 年的香港，根据《伦敦地理杂志》（*London Geographical Journal*）中的记载，当时岛上仅存的动物只有“一些小鹿、犰狳和一种陆地龟”。文明的脚步在前进，而乌龟却要灭绝了。

龟壳可制成实用的容器。在大约 1570 年人们使用龟壳制作的餐具或杯子以防治传染病。威廉·鲍德温（William Baldwin）在他的《从纳塔尔到赞比西河的非洲狩猎记》（*African Hunting from Natal to the Zambesi*）（1863 年）一书中写道“用肮脏的龟壳饮用……混浊的泥水”。

如今，龟的处境不再像在神话中那么安全。用西德尼·史密斯（Sydney Smith）牧师的话来说就是：

> 每种动物都有天敌。陆龟有两大天敌——人类和蟒蛇。陆龟的天然防御方式便是缩进龟壳，静止不动。在这种情形下，即使老虎已经饥饿难耐也无计可施，因为坚硬的龟壳很难用虎爪打开。而人类则会把龟带回家用火烤；蟒蛇会将其整个吞下去，然后在身体里慢慢消化。

几个世纪以来，乌龟身上棕黄交加的龟壳都是制作装饰物的时尚潮品。美拉尼西亚和密克罗尼西亚制造了大量雕刻花纹的臂章、胸饰、勺子和各类面具等物品，如今在博物馆里仍可欣赏到这些原始艺术的卓越典范。在当地，某些物品可以代替货币作为彩礼。在 11 世纪的开罗，穆斯林工人将龟壳制成首饰盒、梳子和各种刀具。然而，中世纪的基督教国家与其他国家的贸易往来并不密切，欧洲与新大陆的贸易量却在与日俱增。

加热后的龟壳是最具可塑性的原材料之一，不用胶水即可黏合。龟壳变软后可扭曲成各种形状，可随意地切割和雕塑，模压或镶嵌成最终形状，而且成品具有很高的光泽度。在 17 世纪，这种材料是巴洛克风格家具上最受欢迎的装饰贴面，还可以同黄铜、锡、铜等金属搭配镶嵌。第二代科克伯爵在其 1632 年的日记中提到了“龟壳装饰的橱柜”，约翰·伊夫林（John Evelyn）（1620—1706 年）在其日记中记载了 1644 年 3 月 21 日访问迪耶普的经历：

> 这些地方有大量制作和售卖象牙和龟壳制品的工人，象牙和龟壳在这里被加工成很多稀有玩具；因此，东印度人在这里可以买到品种繁多的橱柜、瓷器、天然的珍宝和来自异国的珍品。

布尔家具的名字源自路易十四的家具匠人安德烈·查尔斯·布尔（André Charles Boule）（1642—1732 年），这位巴黎家具师（非发明人）改进了独特的镶嵌技术，并将其传给了自己的儿子。这种技术在19世纪备受青睐，各国工匠纷纷效仿。

17世纪下半叶，小巧精致的装饰品成为时尚，主要包括钟表盒、相框、镜框、针盒、钱包（有时带有珍珠母镶嵌）、刀柄、鼻烟盒、装饰梳子和梳妆用品等。亚历山大·蒲柏（Alexander Pope）（1688—1744年）在其仿英雄体讽刺史诗《秀发遭劫记》（*The Rape of the Lock*）（1712年）中描写了在比林达卫生间看到的景象：这里有各种龟壳和象牙制品，比如龟壳和象牙制成的梳子，有的带有斑点，有的通体乳白。通过法国单珠工艺，可将金银镶嵌在龟甲上，龟甲会因这些镶嵌钻孔而变得粗糙。胡格诺派工匠因遭受迫害，在17世纪末期带着他们的工艺逃离了法国。他们的工艺被广泛地应用于棋盘、扇子、长柄眼镜、剑杖和茶罐等物品。

随着社会的发展和科技的进步，用龟甲当原材料越来

1930年，英国伦敦港圣凯瑟琳码头的龟甲买卖区。伦敦是龟甲制品的唯一开放市场，龟甲可以做成梳子和眼镜架等产品。称重和分级后，大量的龟甲会被装进有编号的箱子里以备销售。图中戴圆顶礼帽的人为买家。

中国香港九龙一家设施齐全的龟苓膏店。最后3个字是“龟苓膏”。在店内，龟板在煤炉上慢慢加热逐渐变成果冻状。

越少了。从19世纪早期开始，鼻烟需求的减少导致鼻烟盒的需求量也大幅下降。但是，随着互留名片的交际方式的盛行，名片盒的需求与日俱增。自17世纪以来，染色角一直是龟壳比较便宜的替代原料。在1900年左右，人们开始使用染色赛璐珞。在20世纪20年代，短发女性数量的增多使龟甲梳子的需求开始下降。现代塑料的应用为诸如梳子和眼镜架等物品提供了廉价的天然替代材料，同时减少了对龟类的伤害。塑料比真正的薄龟壳有更好的延展性，用途也更加多样，这种材料还可着色，可更好地适应当下的潮流。

具有药用价值和食用价值的龟苓膏和龟苓膏饮料一直沿用至今，在中国尤为盛行。乌龟或海龟的一些部位比如

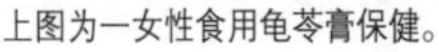
上图为一女性食用龟苓膏保健。

龟苓膏为黑色。

龟蛋、龟血或者碾碎的龟壳，具有广泛的用途，能滋阴壮阳，延年益寿，治疗痢疾、肾病、昏睡、腰痛，还可在难产时发挥辅助功效。在东南亚地区需求量太高，导致很多乌龟品种濒临灭绝。1998 年 11 月，马来西亚槟城极乐寺的 250 只龟被偷。它们的最终归宿是锅中烹饪的美食。极乐寺的主持指出，捕杀龟类为食是违反佛教教义的行为。1999 年，有人闯入中国香港一户人家，偷吃了一只宠物龟，被判入狱 1 年。通常入室盗窃的刑期为 3 年，但是该罪犯并非出于盗窃意图进行行窃，而是为了果腹，因此法官给了他较轻的判罚。

乌龟成为食物是环境所迫，这种生物在大萧条时期满足了人们的口腹之欲。例如，哥法地鼠龟被人从洞里挖出来，成为美国东南部各州的主要食物来源。广受欢迎的美国菜——乌龟派，有时也叫乌龟馅饼是一种由巧克力、焦糖、胡桃和杏仁做成的甜品，它其实跟乌龟没有任何关系，甚至形状都没有任何相似性。

在西方，乌龟常作为宠物进行豢养。19 世纪末，每年进口的乌龟数量仅为几百只。当时很少有人知道如何照顾这些乌龟。例如，在 1880 年 5 月 1 日的《女孩》（*The Girl's Own Paper*）杂志的“答读者问”专栏中，编辑写道：“你没有说明你的乌龟是哪个品种。如果是常见品种，它们通常生活在花园中，食物为蔬菜。”7 月 31 日的建议同样简短：“龟冬眠的时间一般为 4 个月。把它放在花园里，它会自己寻找食物。”

20 世纪初期，乌龟的进口数量增加到了几千只。20 世纪 30 年代，龟在学校周围摊位和市场里的售价仅为 6 便士或 1 先令，通常会跟金鱼和一些廉价日本玩具一起销售，美国的售价一般为 35 美分。按这样的价格，没人在乎这种生物。就像金鱼一样，这些龟常在游乐场作为奖品分发，如果在集市结束后还剩一两只，卖家则会将它们卖给那些年幼无知的中小学生便宜处理。音乐厅和海边明信片上曾有一个笑话，讲的是曾经有一个醉汉从酒吧出来买乌龟，还差点把它当作脆肉派吃掉。宠物店主常把龟当成廉价宠物推销，说它们可以捕食花园中的虫子，也可以吃掉绿植的残叶。以前的养龟者常会说：“我之前有一只龟，但是……”在 20 世纪末，人们对它们的命运越来越担忧，其中最担忧的是在酒吧台球桌上进行的乌龟竞赛，据说这种比赛越来越盛行。

1938年12月6日，动物福利大学联合会主席弗雷德里克·霍布迪（Frederick Hobday）在给《泰晤士报》（*The Times*）的信中谈到了龟类贸易存在的严重问题，他指出每年会进口数万只北非龟，当宠物进行出售。购买这些龟的大多数人并不清楚这种生物是喜欢阳光的食草动物，需要有充足的适宜食物、新鲜的饮用水和充足的生活空间才能存活，但只有1%~2%的龟能安然度过它们的第一个冬天。在运输期间，它们被一层层地挤在敞口的小板条箱里。为了节省空间，许多龟被压在其他龟的下面。在运输过程中，许多龟的龟壳破裂，四肢损伤。这些龟进口时只是充当压舱物。它们在买卖前会一直待在板条箱里（有一次人们甚至将板条箱堆放在地下室），有时这些箱子还会堆放在院子或者屋顶上。全国妇女委员会同意采取行动，弗雷德里克·霍布迪希望其他机构或者个人可以发挥影响力改善这种令人厌恶的贩运状况。

英国皇家防止虐待动物协会秘书长开普敦·弗格斯·麦克库恩（Captain Fergus MacCunn）立即响应，他补充说："以前的乌龟都是装在桶里堆在锅炉下面运输的，死亡率很高。"英国皇家防止虐待动物协会向托运人提出交涉，并最终让托运人同意使用板条箱装运这种动物。但是板条箱的装运效果也不佳，因此该协会的检验员建议修改设计以改善通风，并且避免乌龟伸出的四肢和脑袋受到损伤。贫困地区的一些不法商人会通过销售乌龟来"控制黑甲虫数量"，对在校学生的调查显示很多的养龟儿童其实并不知道如何照顾它们。如果得到恰当的照顾，乌龟可以存活很

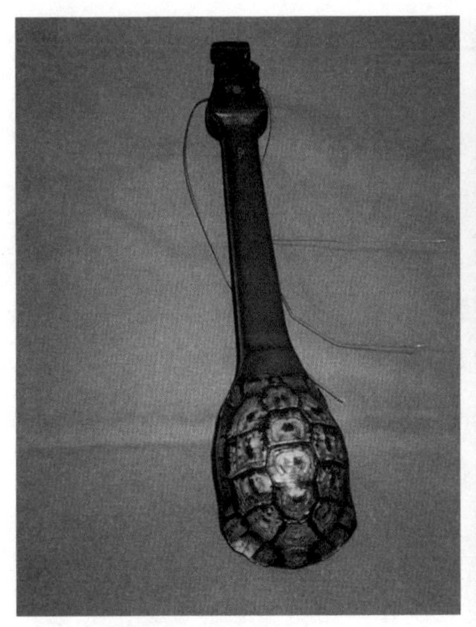

19 世纪具有创意元素的北非鲁特琴，这种元素在该地区的现代旅游“纪念品”中极具特色。

突尼斯礼品店的“纪念品”。

多年。即使如此，1938 年一位托运人向英国皇家防止虐待动物协会上报的 200 多万只进口龟的数量也可能存在瞒报行为。作为这种贸易的一个重要货源地，南非动物福利协会非常担心欧美地区对装饰价值极高的几何龟的需求会导致其灭绝。

牛津郡泰晤士河亨利镇的陆军中校伦纳德·诺布尔（Leonard Noble）讲述了他的经历：

> 我认为处理这些动物的通常方法应该是，以“我们所有人都可以承受的价格”在我们较大城镇的穷街僻巷上兜售它们。我这有两只龟，一只是从通往雷丁的主干道上捡来的，另一只是在树林里捡到的。

它们可能都是在主人的新鲜感过去之后被遗弃的。

除此之外，还有一些虐待乌龟的例子，常见于10~12岁的男孩，他们不是抛掷乌龟，就是用砖块或者其他重物敲击龟壳，这些行为会造成龟壳的破损。英国皇家防止虐待动物协会以这些受到伤害的乌龟为证据，对这些施暴者提起诉讼，并成功地对这些违法者施以缓刑。孩子对乌龟施虐并不鲜见。公元前4世纪希腊花瓶上的图案就是很好的证明，花瓶上的女孩用绳子系住乌龟的一条后腿，将它晃来晃去地逗弄狗。

1929年春天，在帝国航空公司巴黎飞往伦敦的航班上，一名女乘客遗落了一个盒子，从而暴露了一种不寻常的虐待方式。盒子里是一只裹着粉红色棉绒的乌龟，龟壳上镶嵌着红宝石、绿宝石和其他各种颜色的石头。这位乘客的想法可能源自乔里斯·卡尔·休斯曼斯（Joris Karl Huysmans）1884年出版的小说《格格不入》（*A Rebours*）。这本书描写的是芬德塞勒斯庄园贵族矫揉造作的奢侈生活，一位英国评论家称其为“颓废简书”。J.K.罗琳（J. K. Rowling）的《哈利·波特与阿兹卡班的囚徒》（*Harry Potter and the Prisoner of Azkaban*）（1999年）中也出现过类似的生物，书中有一家“魔法生物商店”，在商店的窗户旁就有一只龟壳镶满宝石的大乌龟。

在相对温和的抗议之后，这种宠物贸易又持续了将近半个世纪。20世纪70年代中期，英国每年从摩洛哥进口的乌龟数量仍高达50多万只，这个数量使国际自然及自然资源保护联盟非常担忧。尽管摩洛哥政府禁止出口小于一定尺寸的乌龟，但仍有很多小龟被猎杀，这些龟壳被制成了班卓琴。很多不了解这种情况的游客或者不在意这种制作工艺的游客仍然在购买这种乐器，销售数量每年高达10 000把。

通常生活在动物园中的巨型龟可以获得尊重。巨大的体形、稀少的数量、让人震惊的年龄和体重使它们在同类爬行动物中非常与众不同。从罗斯柴尔德二世勋爵到小孩子都曾坐在这些巨型龟上面拍照留念。在所有乌龟品种中，巨型龟是最受欢迎的。它们经常会同其他大型动物如大象、狮子、老虎和犀牛等一起印刷在动物系列的香烟卡片上。在卡片的背面，它们被标榜为最长寿的动物。

由于龟的体形较小，而且可以在食物有限的情况下生存，因此苏联科学家选择龟代替狗作为绕月飞行的卫星探测器的“宇航队员”，并于1968年和1969年将这些龟安全带回地球。

H.E.贝茨（H. E. Bates）的短篇小说《乌龟日记》（*The Day of the Tortoise*）（1961年）详细描述了这种生物的生存困境。58岁的佛瑞德（Fred）是一位苦工，独自照顾着3个脾气古怪的姐姐。他跟他的宠物龟“威廉”一样，都受到了禁锢。威廉的腿上绑了绳索，仅能在几米的范围内活动。威廉在爬到绳子允许的最远距离时，便无法再前进也无法逃离。在屋里，威廉常会用四肢在光秃秃的地板上毫无目的地蹭来蹭去，“就如同一个不情愿在跑步机上运动的囚徒”。佛瑞德和奶牛场的姑娘有过一段短暂恋情，但

摩洛哥露天市场销售的乌龟“班卓琴”。

在摩洛哥销售的膜盒。

埃及龟是一种濒危物种，公然在开罗市场销卖。

突尼斯市场上，放在没有食物的塑料箱中展示的活龟。

古怪的博物学家查尔斯·沃特顿（Charles Waterton）（1782—1865年）创造了这只驮着两个袋子的乌龟，寓意背负着8亿英镑的国家债务。龟壳上是一个好战的魔鬼，暗讽拿破仑战争使国家财务雪上加霜，周围是一些谄媚的、惺惺作态的魔鬼，暗喻那些从债务利息中获利的公债持有者。

遭到了他姐妹们的反对，最终也没有结果。同样地，曾被认为已经逃跑了的威廉，其实只是躲在堆肥箱的后面。

对乌龟进行的最离奇的虐待发生在加拉巴哥群岛。2000年至2001年，当地渔民与环保主义者就捕鱼配额产生了分歧，因此当地渔民便拿乌龟作为要挟，攻击研究站并骚扰游客。在对龙虾、海参和鱼翅等美食需求日益增长的情况下，加拉帕戈斯象龟是巨大的讨价还价筹码。

对龟的施暴者还有很多，大多数都是为了赚钱。幸运的是，乌龟保护者的数量远超这些施暴者。但不幸的是，乌龟保护者的力量还不够强大。

第五章　艺术作品中的龟

在现实中，龟的价值被不断开发。在一些神话和艺术作品中乌龟常因具备美好的特质而受到世人的尊敬，也会有心思细腻的主人会终生饲养它们。

神话的传承在中国尤为明显。曹操（155—220 年）是东汉末年杰出的政治家、文学家、军事家，他曾作诗赞叹龟：

神龟虽寿，犹有竟时。
螣蛇乘雾，终为土灰。
老骥伏枥，志在千里。
烈士暮年，壮心不已。
盈缩之期，不但在天。
养怡之福，可得永年。
幸甚至哉，歌以咏志。

同为军事家和诗人的毛泽东曾手书曹操的这首《龟虽寿》，毛主席的诗作也曾提到过龟。我们对龟的属性特征的认可，要归功于中国传统文化的影响。在宋朝（960—1279 年），学者将引起社会广泛关注的刑事案件汇编成书，并命名为《折狱龟鉴》。前人积累的经验和智慧通过这种方式保存了下来，供后人参考。15 世纪中叶关于丹药制备

在河内文庙内，健壮的石龟驮着记载学者成就的石碑。

工艺的著作使后人了解到中国传统炼丹炉的使用方法。这种炼丹炉具有龟壳形的燃烧室，燃烧室顶部模仿天空的形状，底部则代表大地。使用如此方法炼制的丹药虽然并没有化学药剂的疗效，但是古人认为这种炼丹炉（外形类似长寿动物乌龟和仙鹤）炼制的丹药可让人身体康健，耳聪目明。

在中国古代，科举考试是封官晋爵通往仕途的必经之路，考试的内容主要为儒家经典。例如，越南李氏王朝官员的受训和选拔工作就是在 1070 年建成的河内文庙内进行的。河内文庙供奉孔子，并于 1076 年在文庙旁建成国子监。1484 年，黎圣宗下令在文庙树碑记载自 1442 年起每三年举办一次的科举考试中高中进士者的姓名及其学术成就。他总共修建了 112 座石碑，保存下来的石碑仅 82 座，共记录了1306位学者的成就。每座石碑都修建在象征着力量和长寿的乌龟背上。这确实很贴切，当时的考试并不容易通过。在1733年的3000名考生中，仅有8名通过了为期35天的会试并最终获得了官职。石龟驮碑的造型最早可追溯到6世纪，虽然这种形式一直沿用下来，但只有3位最高级别的官员和皇室才有资格树碑纪念。

蒙古帝国最初的都城是哈拉和林，而该城的象征之一便是巨大的石龟雕塑。经过多年的征战，“强大的统治者”成吉思汗（1162—1227年）于1220年在哈拉和林建都。成吉思汗的儿子，也是其皇位的继承者窝阔台在1235年大兴土木建造城墙、宫殿及其他永久性建筑，想借此为这个庞大的帝国打造一个举世无双的都城。但帝国兴衰无常，1267年，忽必烈（1216—1294年）将首都迁至现在的北京，哈拉和林便逐渐衰落。1368年，元朝灭亡，最后一位帝王从北京退守哈拉和林并对该城进行了部分重建。随后此城被毁，后又部分重建，但最终还是废弃了。如今这些石龟作为古都的遗址之一逐渐成为旅游景点，这些古老的遗迹仿佛在诉说着伟大帝国过去的辉煌。菲茨罗伊·麦克林（Fitzroy Maclean）在《超越的背后》（*To the Back of Beyond*）（1974年）一书中讲述了他的经历：

> 在成吉思汗征服中原一个多世纪后，汉人……又将蒙古人驱逐出了中原，并彻底摧毁了他们的都城哈拉和林。如今，我们在这里只能感叹昔日的辉煌早已荡然无存，仅留孤零零的石龟，鲜有人问津，

偶有几个路人向其抛上一两块石子，可能是要对它蕴含的神圣表达某种敬意吧。我们把石子放在石龟背上，然后就继续向前走了。

哈拉和林的石龟是蒙古帝国的现存遗迹，这只石龟驮着藏传佛教传统中的经幡。

明十三陵的入口处是一座歇山重檐、四出翘角的碑亭。亭中是一个巨大的石碑，碑立于一只石龟（也称赑屃）之上，碑背面是乾隆皇帝写的《哀明陵三十韵》。

1983 年，德国艺术家约阿希姆·施梅陶（Joachim Schmettau）在访问中国时受到启发，为柏林夏洛滕堡的一个广场创作了一座雕塑。雕塑刻画了一个年轻人骑坐在乌龟上，上面写着一句德语，是一首匿名的日本俳句（日期不详）的德语版本，可翻译为：“一切都将被消耗掉。只有一种力量除外，那种力量就是时间。”人类在缓缓流淌的

明十三陵的长陵神功圣德碑，一只石龟驮着一个巨大的石碑。该石碑建于1425年，碑文列述永乐皇帝的功绩。

时间长河里度过短暂的一生。

意大利金匠本韦努托·切利尼（Benvenuto Cellini）（1500—1571年）之前用金子和搪瓷制作罗斯皮格里奥西杯时也将龟用作支撑的底座（展于纽约大都会艺术博物馆），他将扇贝形的杯身固定在龟背上，但这个展品经确认是制作于19世纪的复制品。复制者的灵感可能源自切利尼的竞争对手利昂·莱昂尼（Leone Leoni）（1509—1590年）设计的一个青铜盐罐。在17世纪初，英国女王伊丽莎白一世收到了一件新年礼物——454个龟状金纽扣，每颗纽扣上都镶有一颗珍珠。一只制作于17世纪德国南部的镀金青铜龟带有发条装置，龟背上是一个挥舞着三叉戟的人鱼（展于维多利亚与阿尔伯特博物馆），上满发条后，三叉戟就会挥动，龟也会向前移动。

柏林夏洛滕堡的约阿希姆·施梅陶的雕塑，其设计灵感源自一首日本俳句，这个俳句感叹的是人类在宇宙万世中的短暂存在。

在 17 世纪，人们为了提高武器的机动性而移除了装甲板，但是枪炮杀伤力的提高迫使武器制造商又不得不增加了武器的厚度和重量。只有更厚的装甲才能抵御威力更强的子弹，因此厚重的铁甲被制成了龟壳的形状。

在象征和平的艺术作品中，17 世纪中期的陶器与乌龟存在千丝万缕的关系。在日本的有田町，初代柿右卫门（一位瓷器制造商）在 1644 年左右（荷兰人获得贸易特许权的 3 年后）就学会了彩釉，名声大噪。这之后不久便有大量的有田烧陶器运到了荷兰。这些陶器中有一种装饰图案就是拖着水草的龟。因为它们拖着水草就像穿着蓑衣，所以日本人称其为“雨衣龟”，但由于某种误解这种龟在欧洲被称为“火焰龟”。在 18 世纪切尔西瓷器采用这种设计后，该设计便被赋予了这个名称。“龟甲陶器”是 18 世纪

1868 年前，京都一直是日本的首都也是日本重要的佛教中心。该图为京都东寺内一块龟驮碑。

中期斯塔福德郡陶器的名称，这种陶器色彩斑驳，通常是棕色的铅釉。托马斯·惠尔登（Thomas Whieldon）（1719—1795 年）与这种制陶工艺密不可分，这种工艺用锰棕色、铜绿色和钴蓝色来制作半透明的釉料。

龟的形状很适合雕塑，不管是大型雕塑还是小型雕塑。弗朗索瓦·吕德（1784—1855 年）的充满童趣的新

阿塔纳修斯·基歇尔（Athanasius Kircher）（1601—1680 年）参考利玛窦(Matteo Ricci) 的《中国札记》（1615 年）的注释，编撰了介绍中华文明的《中国图说》（*China Monumentis*）（1667 年）。

古典主义大理石作品雕刻是一个那不勒斯渔童在跟乌龟玩耍，男孩用芦苇向后拖拽龟。该作品现收藏于卢浮宫，为吕德赢得了荣誉军团勋章。吕德在 1836 年完成了其最知名的作品《马赛曲》（*Le Départ*）浮雕，描写的是 1972 年，志愿军出征与从荷兰入侵的奥地利人和普鲁士人作战的情景。另一位 19 世纪的法国雕塑家亨利·雅克马特（Henri Jacquemart）（1824—1896 年）用青铜雕塑了一只正在盯着乌龟的狗。在 20 世纪和 21 世纪，威尼斯玻璃制造商又对这些动物进行了仿制。

埃塞克斯郡霍尔斯特德的查尔斯·波特威（Charles Portway）于 1879 年在美国为乌龟慢燃炉申请了专利。这种慢燃炉在霍尔斯特德的乌龟铸造厂生产，主要用于营房、教堂、会议厅和教室；可为锅炉、温室、马具室、洗衣房、便携装置和船舶等定制不同款式，也可为水管工和铁匠等

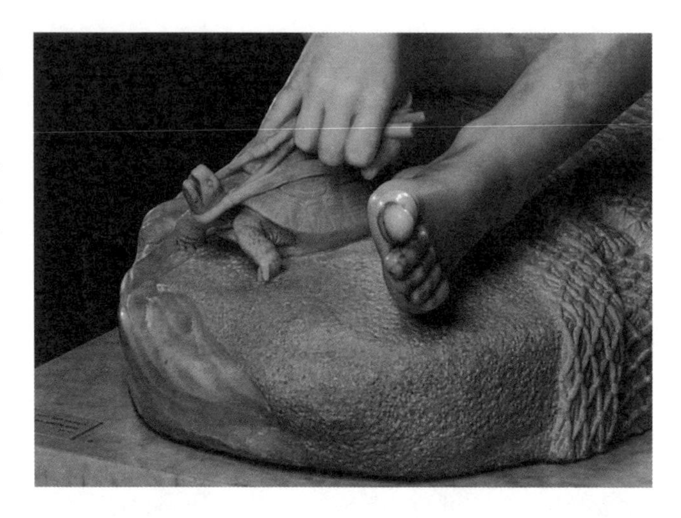

弗朗索瓦·吕德（François Rude）的大理石雕塑《那不勒斯渔童》（*A Neapolitan Fisher Boy Playing with a Tortoise*）（1831—1833 年），现展于巴黎卢浮宫。凭借该作品吕德获得了荣誉军团勋章，并得到为正在设计的凯旋门装饰的委任。

从业人员量身打造。例如“怡悦”款就具有云母板做的装饰门。在第一次世界大战期间，人们研发出了燃烧无烟煤的龟炉，在 20 世纪 60 年代生产出了龟牌燃油加热系统。龟牌装饰炉在以前非常受欢迎，鼎盛时期的销量可达每年 10 000 件。约翰·贝杰曼在其诗作《圣诞节》（*Christmas*）（1954 年）中曾提到过这种炉子，但是其现在已被新式中央供暖设备所取代。现在这种炉子只能在废弃的教堂中看到。

龟炉普及后不久，“龟”形帐篷问世了，这是医院使用的一种密封装置的别称，其内部富含氧气，可帮助病人缓解呼吸困难的症状。1890 年 4 月 8 日的《每日新闻》（*Daily News*）对此进行了报道：“病人们在‘龟’形帐篷中得到了细致的照顾。”这种设备虽然构造简单，却是那些肺部严重受损病人所急需的，他们的肺疾主要是由城市四处笼罩的黄色雾霾所致。伦敦的波特兰医院这样的高级医

爱德华·利尔为《生活中的陆龟、水龟和海龟》(1872年)(约翰·爱德华·格雷著)创作的另一幅插图。这是一只常见的蛛网陆龟，拥有独特的花纹。

院也会以配有这种设备而感到自豪。同时，这种氧气帐篷虽然外观不好看，但非常实用，所以氧气舱一词在20世纪也流行起来。

博物学家威廉·亨利·哈德逊(William Henry Hudson)(1841—1922年)在寻找夏日避暑住处时，对龟壳帐篷的外观出言不逊：

> 我敲了敲开着的前门，过了一会儿，房东太太便来应门了，房东太太就是那种在苏塞克斯，甚至全国都不时会遇见的那类人，在见到她的那一刻，我的心便沉了下来；她是一位身体壮硕、思维迟钝、行动缓慢的中年妇女，她的表情木讷，看起来既不精明，又不热情，好像一个粗鄙的原始人，或者说像一只穿着衬裙的巨型陆龟。

理查德·施特劳斯(Richard Strauss)的朋友奥托·耶

一只龟壳上刻有“装甲军领袖”文字的乌龟生活在苏格兰诗人伊恩·汉密尔顿·芬利（Ian Hamilton Finlay）的花园里。乌龟常被描述为“有态度的坦克”。

许多军队营房采用龟炉取暖。

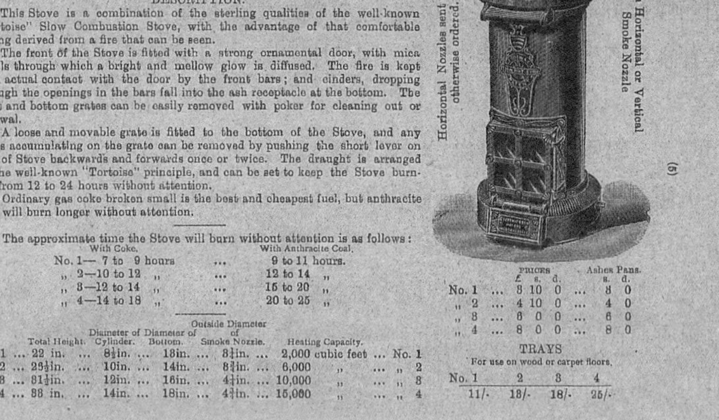

The Newest Slow Combustion Close Stove,

THE "CHEERFUL" TORTOISE.

DESCRIPTION.

This Stove is a combination of the sterling qualities of the well-known "Tortoise" Slow Combustion Stove, with the advantage of that comfortable feeling derived from a fire that can be seen.

The front of the Stove is fitted with a strong ornamental door, with mica panels through which a bright and mellow glow is diffused. The fire is kept from actual contact with the door by the front bars; and cinders, dropping through the openings in the bars fall into the ash receptacle at the bottom. The front and bottom grates can be easily removed with poker for cleaning out or renewal.

A loose and movable grate is fitted to the bottom of the Stove, and any ashes accumulating on the grate can be removed by pushing the short lever on side of Stove backwards and forwards once or twice. The draught is arranged on the well-known "Tortoise" principle, and can be set to keep the Stove burning from 12 to 24 hours without attention.

Ordinary gas coke broken small is the best and cheapest fuel, but anthracite coal will burn longer without attention.

The approximate time the Stove will burn without attention is as follows:

	With Coke.		With Anthracite Coal.
No. 1	7 to 9 hours	...	9 to 11 hours.
,, 2	10 to 12 ,,	...	12 to 14 ,,
,, 3	12 to 14 ,,	...	15 to 20 ,,
,, 4	14 to 18 ,,	...	20 to 25 ,,

	Total Height.	Diameter of Cylinder.	Diameter of Bottom.	Outside Diameter of Smoke Nozzle.	Heating Capacity.	
No. 1	22 in.	8½in.	13in.	3¼in.	2,000 cubic feet	No. 1
,, 2	29½in.	10in.	14in.	3¾in.	6,000 ,,	,, 2
,, 3	31½in.	12in.	16in.	4¼in.	10,000 ,,	,, 3
,, 4	38 in.	14in.	18in.	4¾in.	15,000 ,,	,, 4

Horizontal Nozzles sent unless otherwise ordered.

With Horizontal or Vertical Smoke Nozzle

	PRICES £	s.	d.	Ashes Pans. s.	d.
No. 1	3	10	0	3	0
,, 2	4	10	0	4	0
,, 3	6	0	0	6	0
,, 4	8	0	0	8	0

TRAYS

For use on wood or carpet floors.

No. 1	2	3	4
11/-	13/-	18/-	25/-

(5)

“怡悦”款龟炉。

格迈尔（Otto Jägermeier）（1870—1933 年）在慕尼黑和莱比锡学习音乐后，创作了一批前卫的交响乐作品，如《精神病》（*Psychoses*）、《深海》（*In the Depth of the Sea*）、《泰坦之战》（*Battle of the Titans*）和《女性的心智薄弱》（*The Physiological Feeble Mindedness of Woman*）。他于 1907 年移居到了法国殖民地马达加斯加，原因不详。从那时起他便从欧洲消失了；没有出版商出版他的作品；他也不希望同欧洲的朋友和熟人联系；他的音乐作品也逐渐被遗忘。在马达加斯加，他饲养了一只巨型龟作为宠物，经常会用链子拴着这只龟去散步。这只宠物龟的名字——罗西，是他根据堂吉诃德坐骑——罗西南多而起的，这个名字就反映了他当时的心理状态。耶格迈尔 1933 年回到欧洲，不久就去世了。但这并没有立即为他挽回声望，如同他最喜欢的动物一样，这都需要时间。因此，当奥托・耶格迈尔音乐学院在柏林成立时，人们将龟作为该学院的标志物。他的作品因偶尔的公开演出而逐渐获得了大众认可。奥托・耶格迈尔并不是唯一一个带着乌龟散步的人，另一位与他同时期的法国富豪诗人罗伯特・德孟德斯鸠伯爵（Comte Robert de Montesquiou-Fezensac）（1855—1921 年）也常如此，人们认为他是普鲁斯特笔下男爵夏吕斯的原型。

龟的特性在美国的三场著名战争中都有所体现，有时是贬义，有时则是褒义。在美国内战（1861—1865 年）中，联邦军的乔治・B. 麦克莱伦（George B. McClellan）被人们称为“美国大乌龟”，内战爆发时，他被南方军队视为最可怕的对手。但是，他的进攻策略比较保守，两次被兵力处于劣势的罗伯特·爱德华·李（Robert Eduard Lee）击败，即便他在安提塔姆战役中拥有更强大的兵力，也只是打成了平手，没能追击歼灭南方军。林肯总统曾说过，麦克莱伦是一个受“拖延症”困扰的将军，因此在内战的第二年就解除了他的指挥权。

在第二次世界大战中，另一位美国总统富兰克林·德拉诺·罗斯福（Franklin Delano Roosevelt）在1942年2月23日举行的驳斥失败主义的炉边谈话（广播的形式）中使用乌龟进行了比喻，他在讲话中说道：

> 那些认为我们可以生活在孤立主义幻觉中的美国人，想让美国雄鹰采用鸵鸟战术。现在这些人中的很多人，担心我们会冒险，他们想让我们国家的雄鹰像龟一样缩头不出。但我想代表广大的美国人民说我坚决反对龟缩不出。

“冷战”时期，美国人受到苏联的核威胁。为此美国政府组建了国防部的分支机构——民防局来应对苏联的原子弹袭击。20世纪50年代在其生存指南手册中，就有一个黑白相间的卡通角色——一只名为伯特的龟。还拍摄了一个短片向大家宣传人们在遭受原子弹袭击并看到刺眼的闪光后应该如何做：

> 滴噢哒哒
> 滴噢哒哒
> 有一只名叫伯特的乌龟

这只乌龟非常警惕
就算危险降临，它也从不会受伤
它知道如何应对
它会卧倒，然后掩护
卧倒，掩护！
它所做的是我们都要学会的
你和我，大家一起学
卧倒，掩护！
朋友们，切记要怎么做
现在请大声说出来
看到闪光后你会怎么做？
卧倒，然后掩护！

这可减少人们在核爆炸灾难中所受的伤害。

随着欧洲人对世界的探索，很多人开始将乌龟作为新型宠物饲养。从 1633 年开始，大主教劳德（Laud）就在伦敦坎特伯雷的府邸——兰贝斯宫饲养了一只龟。1645 年，它在经历了泰晤士河翻船事故和主人被斩首后仍然活了下来，但不幸的是，它在 1753 年冬眠时死于一名园丁的铁锹下。如今，带有铁锨侧面切口的龟壳被完整地保存在兰贝斯宫。

饲养龟这种动物也是 18 世纪归隐之士的小爱好。看到一只龟凝望前方的一片树叶几个小时，难免会让人联想到威廉·布莱克（William Blake）的《天真之歌》（*Songs of Innocence*）（1789 年）：

从一粒沙看世界，从一朵花看天堂，

把永恒纳进一个时辰，把无限握在自己手心。

英国自然学家吉尔伯特·怀特（Gilbert White）对蒂莫西，一只来自林格默村的“老苏塞克斯龟”也有相同的喜爱之情。1923 年，美国大使为林格默村的村牌揭幕，蒂莫西位于村牌的中心位置，两侧是两位娶了当地女孩的英裔美国人，分别是以其名字命名哈佛大学的约翰·哈佛（John Harvard）和宾夕法尼亚贵格会创始人威廉·佩恩（William Penn）。为了纪念新千禧年，林格默教区议会主席约翰·弗莱切（John Fletcher）于 2000 年元旦正式为新钟揭幕。在这座由公众出资建造的 5.2 米高的砖砌建筑的顶部是老龟蒂莫西的铁制风向标，老龟蒂莫西成为安静的林格默村经久不衰的象征。

罗斯柴尔德勋爵是一位颇有成就的博物学家，他特别喜欢大型龟，并在赫特福德郡特林乡下的家里饲养了几只；他喜欢骑在龟背上拍照；在肯特彭斯赫斯特广场，德利勒子爵在他家露台上放了大约 60 种小型乌龟的样本，露台被称为“乌龟露台”。

大约在 1896 年，牛津大学奥里尔学院把一只龟作为吉祥物，随着人们对这种动物越来越熟悉，这只吉祥物还被选为学院某社团的荣誉副主席。一位在校本科生还在自己床上给它安家，为他找了个伴。这只吉祥物在 1923 年去世，死后被制成了标本。标本做得栩栩如生，逼真到某个工作人员在公共休息室看到它的时候，还将它搬到太阳下面去晒太阳。用龟作为吉祥物这个传统在该学院传承了下

吉尔伯特·怀特的老龟蒂莫西成了村标，被设计在林格默村牌的核心位置。

林格默村世纪之钟上的老龟蒂莫西。

来，后来有两只乌龟，龟壳上文有学院徽章，而在 1938 年 5 月 28 日，在这两只龟的旁边多出来了一只小龟，龟壳上刻有“伊卡伯德”（*Ichabod*）的文字。5 月 31 日，《泰晤士报》（*The Times*）宣布了它的诞生：“乌龟乔治娜和泰斯多之子——惠利·乔治”（Whalley George）。据说它是唯一一只在《泰晤士报》上宣告出生的乌龟。惠利·乔治成了牛津大学奥里尔学院赛艇俱乐部的荣誉秘书长，该俱乐部会徽为乌龟。但当时他们在八人赛艇比赛周的比赛中未能夺冠。在第一晚，学院的赛艇颠簸时（撞到了前面的赛艇），乔治娜产下一颗蛋。第二天当赛艇再次颠簸时，乔治娜产下了第二颗蛋，但是之后赛艇再未颠簸，乔治娜也再未产蛋。我们无法根据院长的观察结果推断乔治娜是否产了更多的蛋。惠利·乔治经常被其他学院的本科生拐走。令它不悦的是，其他一些背上写着同伴名字的乌龟也被学院收养了。在 1949 年惠利 · 乔治去世时，院长写了一首简短的挽歌：

> 在其缓慢的一生中，它一直保守着自己的秘密，没人知道它喜欢什么、憎恨什么、信仰什么；这些秘密随着它一起逝去了，只剩我们这些被它欺骗的人，徒劳无功地质问着它的空壳。

它的继任者是老 L，L 取自“learner（学习者）”这个单词的首字母。有一天，它出门爬向外面，被一辆邮车碾了过去。老 L 回来的时候毫发无损，但是邮局却向学院索赔邮车悬挂系统的维修费用。出于对它单身生活的同情，学院的工作人员为它买了 4 个“妻子”。

在牛津大学的圣体学院，老 L 被学生们称为“科铂斯龟”（Corpoise tortoise）。剑桥大学冈维尔与凯斯学院的树苑中生活着很多背上有校徽涂鸦的龟。它们会拽着搬运工人的裤脚索要吃的。糟糕的是它们可能会爬出谦卑之门，闯入繁华的三一街。

蒂莫西成为宠物龟常用的名字。汤米也是宠物龟常用的名称，最出名的应该是 1997 年被主人一时冲动埋了 20 小时的一只龟。当时它的主人以为它死了，所以将它从鱼塘中捞了出来并进行了掩埋，结果它死而复生，通过关闭自己的新陈代谢系统，在几乎没有氧气的情况下存活了下来。这只龟被命名为雪莱 · 比希 · 佩德罗（Shelly Bysshe Pedro）。第一个名字取自诗人雪莱，比希是其中间名，而佩德罗这个名字适合身材壮硕的巴西人。随着铁路运输的发展，人们又引进了两种迥然不同的乌龟品种：火箭（rocket，寓意“行动敏捷”）和火司会（aslef，“火车司机与司炉联合会”的缩写，暗指它是一只慢行型乌龟，行动速度如同20世纪60年代该工会的办事效率）。一只名叫阿喀琉斯的龟，喜欢葡萄和野生草莓，这种龟可能是最活泼的乌龟品种，杰拉尔德·达雷尔（Gerald Durrell）在希腊科孚岛生活时购买了一只龟，并为其命名。他还在科孚岛上看到过土里冬眠的乌龟一起醒来的场景。还有一只乌龟因为只有一只眼睛而被给予了一个很古典的名字：独眼巨人太太。

1960年，牛津大学辩论学会购买了一只竞赛龟，并以他们“最杰出的会长”的名字格莱斯顿（Gladstone）给这只乌龟命名。在密歇根州底特律大学举行的首届国际大学校际乌龟比赛中，牛津大学是唯一一所专门出资购买乌龟及其入场券的英国大学，并在比赛中获得了第七名。在回国抵达牛津大学之前，格莱斯顿便乘坐衬有稻草的纸板箱先后造访过德国、奥地利、瑞士、法国、意大利、荷兰、比利时和爱尔兰等国家。它下榻的每个酒店都会为它提供新鲜的生菜和胡萝卜等客房服务。

贾斯丁·格尔拉奇（Justin Gerlach）在《知名乌龟》（*Famous Tortoises*）（1998）中提到了乌龟哈里特（Harriet），它是一只达尔文从澳大利亚带回来的加拉帕戈斯象龟；同时还提到了乌龟“孤独的乔治”（Lonesome George），它是平塔岛象龟品种的幸存者，一直由圣克鲁斯岛的达尔文研究中心照顾，该中心一直在为它寻找伴侣。乔治的伴侣死于20世纪70年代，所以乔治可能是其所属龟种的最后一只龟。从它的中年时期（70~100岁）一直到20世纪末，乔治都对伴侣没有任何兴趣。当从加拉帕戈斯群岛的亚种提取DNA样本时，人们希望借此能在新世纪为其找到合适的伴侣。样本提取过程包括旋转龟壳提取血液样本。对它进行的DNA比对显示乔治的近亲是生活在190英里外的群岛一端的一种小型龟。

一只幸存的加拉帕戈斯象龟是来自平松的雄龟——俄南（Onan），其名字源自《创世纪》（*Genesis*），因为这个单身汉常会“对龟状的岩石表现出爱慕之情”。罗图马是某个太平洋岛屿的酋长，他用自己的名字给一只加拉帕戈斯象龟命名，后来这只龟被罗斯柴尔德勋爵买走，还经常骑在这只龟背上。布莱克浦动物园的巨型龟——达尔文，每年都要和一只来自阿尔达布拉环礁的雌龟进行交配，但总是失败。直至1997年，人们在塞舌尔群岛发现8只被认为自19世纪中期就已经灭绝的巨型陆龟时，才发现了交配失败的原因：因为达尔文是塞舌尔岛龟种的幸存者，不能与阿尔达布拉象龟跨种群生育。

比亚特丽斯、克利俄（司职历史的女神）、艾丝梅拉达、夏娃、芙蕾达、弗雷德丽卡、格特鲁德、约瑟芬、默特尔、塔拉、蒂莉、提斯贝和提泰妮娅都是女性名称。曾在电视剧《星际迷航》（*Trek*）中扮演麦科伊（McCoy）博士（昵称“老骨头”）的德福雷斯特·凯利（Deforest Kelly），饲养了一只名为默特尔（Myrtle）的龟。雄龟常用的名字有：艾德里安、奥古斯都、巴里、贝多芬、鲍里斯、布鲁特斯、塞尔夫（塞舌尔的一个小岛）、喀戎（源自希腊神话半人半马族中一个睿智而亲切的贤人）、戴维、哥利亚、多迪、戈登、哈罗德、赫克托耳、霍迪尼、汉弗莱、杰里米、吉米、乔、吕山德、马默杜克、马克斯、摩西、尼基、菲尼克斯、卡西莫多、塞米、桑迪和斯坦等。

因为很难辨别一只龟的性别，所以有时会为其起一个中性的名字，例如：高欧、老霍里德 、席福第、斯毕迪、硕弗特、斯威夫特、提普托和托蒂等。在 1915 年的加里波利之战中，21 岁的二等兵亨利・弗里斯顿（Henry Friston）在经历了 10 天炮火袭击的拥挤海滩上捡到了这一只名为阿里帕夏（Ali Pasha）的龟。作为“怨仇号”舰队航母的非官方吉祥物，阿里帕夏在火炮掩体里住了一年，主要以西红柿为食。它是唯一一个被英国人带回英国的“土耳其战俘”，由弗里斯顿的家人照顾。“它来自加里波利，在战争的恐惧中，一名士兵竟然想要照顾乌龟这样的生物。”因为这个原因，弗里斯顿在 1968 年被“爱犬俱乐部”授予终身荣誉会员，该俱乐部是澳大利亚拥有 7 万多只狗的福利机构。这只龟的经历使它声名远播。1987 年，它在萨福克郡死于鼻水综合征和肾衰竭。当时它可能已经 100 多岁了，没有留下任何子嗣。

文学作品创作大量借鉴了乌龟的独有特性。多产的法国小说家奥诺雷・德・巴尔扎克（Honoré de Balzac）（1799—1850 年）喜欢用龟进行比喻，例如：他将正在翻越高山的先遣队士兵比喻为“身形被拉长了的正在爬行”的龟；将从阁楼斜窗后退的人比喻为乌龟正在缩回自己的脑袋；或者将行动缓慢的人比作乌龟。巴尔扎克在其系列小说《人间喜剧》（*La Comédie humaine*）中的《农民》（*Les*

Paysans）一书中这样描述一位身材肥胖的太太：

> 她的腰带无论如何都很难卡在恰当的位置。贝贝儿（Bebelle）曾坦率地承认，谨慎起见，她都不敢穿束身内衣。……贝贝儿就像一只圆圆的乌龟，一种无脊椎的雌性乌龟。

为什么深居都市的作家巴尔扎克会如此频繁地使用这些独特的比喻呢？原因可能在于他对法国博物学家让·巴蒂斯特·拉马克（Jean Baptiste de Lamarck）（1744—1829年）的仰慕，拉马克在动物学方面取得了非凡的成就，但他曾经错误地认为后天特征的遗传是进化的基础。

费奥多尔·陀思妥耶夫斯（Fyodor Dostoevsky）在《罪与罚》（*Crime and Punishment*）（1866年）的开篇便描写了自私的拉斯柯尼科夫（Raskolnikov）的生活窘境，他过着离群索居的生活，不愿与人打交道：

> 简直再也没有比拉斯柯尼科夫现在的情况更窘迫的了，但是他现在心里却感到一丝喜悦。他完全与外部世界隔离，像只龟一样孤独地生活在自己的龟壳里，即使负责照顾他的女佣偶尔进入他房间也让他出离愤怒，难以忍受。

乌龟更基础的文学功能在于它能提供一种具有创造性的故事结构，就像制造一个简单的史前石器一样。如安东·契诃夫（Anton Chekhov）（1860—1904 年）的作品着重刻画人物、情感和心理活动，而忽视情节。整个故事非常丰满但会在开头和结尾留白让读者自己发掘故事的内涵。以《福尔赛世家》（*Forsyte Saga*）（1906—1922 年）而闻名于世的约翰·高尔斯华绥（John Galsworthy），发现了契诃夫的故事情节主要“集中在中间部分，这一点跟乌龟的形状类似”。

乌龟作为一种历史悠久的生物在世界文学作品中占有一席之地，经常出现在散文、诗歌和戏剧中。它身上的多种特性都是作家创作的源泉，作家们通过乌龟展现不同的人性特征。

在英语文学作品中，龟的形象大多是积极向上的，如刘易斯·卡罗尔（Lewis Carroll）在《爱丽丝梦游仙境》（*Alice in Wonderland*）（1865 年）中写的：“我们都叫他龟老师，因为他是我们的老师。”一位铁路官员在幽默周刊《笨拙画报》（*Punch*）（1869 年）上解释了动物运费的收取标准：“猫和兔子都按照狗的标准收费，鹦鹉的运费也是如此，但是‘龟’却算作昆虫，所以不收运输费。”荒诞诗诗人爱德华·利尔和詹姆斯·索尔比一起为托马斯·贝尔的《乌龟、水龟和海龟》（1872 年）绘制了插图。利尔还因此喜欢上了一只龟，为其取名为“T”。

美国讽刺幽默作家安布罗斯·比尔斯在其《魔鬼的词典》（*Devil's Dictionary*）中对乌龟的定义如下：一种被造物主深思熟虑后创造出来为了给杰出的诗人安巴特·德拉索（Ambat Delaso）写出以下诗句提供灵感的动物。

致我的宠物龟

我的朋友，你走路姿态实在不雅，
摇摇摆摆，就是在爬。
你毫无美感，脑袋看起来像蛇，
毫无疑问，我的心在滴血。
睡觉时你把四只脚藏进壳中，
那模样真让天使摇头叹气。
是的，你不好看，但我坚信，
你的硬壳给了你坚强的性格。
你具备巨人的筋骨和气力，
坚定与力量是巨人最大的优势。
不过（抱歉我提及这点），你缺乏灵气。
（但愿巨人们都不缺少灵气）
也正是由于这点，实说吧，
我真想变作你，你变作我。
也许将来某一天人类灭绝，
你的后代建立一个更好的世界。
灵魂源起，愈发强大，
你的子孙将是地球之王。
因此我向你致敬，
你注定让大地重生。
希望之父啊，请大驾光临，
接受人类王朝的祝福！
在未知的遥远的国土，
我恍惚中看见乌龟坐在王宫宝座上。
我看见一位皇帝，对自然的敬畏溢于言表，

把脑袋缩进壳里。
我看见国王，身上的脂肪当然不少，
但还有别的东西可以炫耀。
我看见总统先生，一直从善如流，
不会对不同见解心怀仇恨。
不会向武装或赤手空拳的乌龟开黑枪。
（其实这样做也是白费弹药）
臣民让心路历程慌乱不堪，
——毫无必要。
生活如龟爬，四处充满沉思冥想，
教堂和政府都说："咱们时光多又多！"
啊，乌龟，这梦境多么美丽，
龟的国度是那么奇妙！
愿你从伊甸园中撵走亚当，
慢腾腾地建造那梦中的理想。

D.H. 劳伦斯（D. H. Lawrence）（1885—1930 年）在他的诗作《乌龟家族关系》（*Tortoise Family Connections*）的开篇写道：

啊，这个小家伙在爬，它便是宇宙的萌芽，生命的山墙。

在《小乌龟》（*Baby Tortoise*）中，他还进行了如下的总结：

所有的生活都在你的肩上，不可征服的先行者。

毛泽东（1893—1976 年）也是一位诗人。1937 年，他写下了下面的诗作：

茫茫九派流中国，沉沉一线穿南北。
烟雨莽苍苍，龟蛇锁大江。
黄鹤知何去？剩有游人处。
把酒酹滔滔，心潮逐浪高！

诗中的“龟”和“蛇”分别指长江边的两座高山，也分别象征着中国南方和北方两个不同的世界。1956 年毛主席又写了如下诗句：

龟蛇静，起宏图。一桥飞架南北，天堑变通途。

诗中所说的桥便是武汉长江大桥，这座桥于新中国成立 8 年后（1957 年）建成。

斯特拉·吉本斯（Stella Gibbons）在其戏剧小说《寒冷舒适的农庄》（*Cold Comfort Farm*）（1932 年）中，对人物展现出的态度做出了恰当的比喻：

微笑夫人从出租车上下来，来到房子前。她的管家斯内尔（Sneller）已将屋门打开，正站在门前意味不明地看着她。斯内尔给她留下的印象是粗鲁的像只乌龟；然而她又十分庆幸她的朋友没有养这种宠物，否则乌龟们会觉得那是在嘲笑它们。

英国龟类保护协会的《时事通讯》记载了人们如下的心声：

愿我的生活像乌龟一样

在我的一生中，希望我前进的步伐可以像乌龟一样坚定而稳健。

无论遇到什么障碍，龟都会最终找到一条前进的路，或绕过去，或翻越过去，或从下面钻过去。

可能有人会没头没脑地将它捡起又放下，还弄反了它的前进方向，但它会自己转回原来的方向，继续向最终目标前进。

希望我可以拥有龟壳般坚固、完美、不畏风雨的家，使我免遭打击和伤害，为我遮风挡雨，如果我不幸跌倒，希望我的朋友永远在身边，帮我重新站起来。

希望我的皮肤会像乌龟壳一般厚重坚韧，不会因愤恨刻薄的语言暴力而受伤。

希望我的心会像乌龟的腿和爪子一样既坚定又坚强，无论地面多么干燥坚硬，我都会努力在下面种下幸福、平静和满足的种子，希望我生命中种下的所有种子都能蓬勃生长，开花结果。

希望我的眼睛能像乌龟的眼睛一样闪闪发光，不受身后阴云的困扰，可以一直展望璀璨光明的未来。

幸运的话，乌龟会实现我们的愿望。威尔特郡的郎利特野生动物园的员工在园中饲养地中海刺腿陆龟，他们在龟壳上喷涂了数字，希望周六早上从窝里最先爬出来的6只乌龟龟壳上的数字就是英国国家彩票公司当晚抽取的中奖号码。

心理学家认为龟天生对儿童有一种吸引力，因为龟壳既保护了乌龟，也能给人一种安全感。再加上它们缓慢、蹒跚的步态，一点儿也不吓人。同样的，乌龟也是儿童文学的创作素材，但是它们在文学作品中出现的次数远远少于它们作为宠物龟的数量。在比阿特丽克斯·波特（Beatrix Potter）（1866—1943年）的《杰里米·费希尔先生的故事》（*The Tale of Jeremy Fisher*）中，乌龟是在晚宴上出现的次要角色，故事中描述道："乌龟奥尔德曼·托勒密（Alderman Ptolemy）先生带来了一网兜沙拉。"露丝·安斯沃斯（Ruth Ainsworth）创作了儿童平装书《龟壳的十个故事》（*The Ten Tales of Shellover*）（1963年）。在美国，作家和插画家苏斯（Seuss）博士创作了《乌龟耶尔特及其他故事》（*Yertle the Turtle*）（1958年）；道格拉斯·伍德（Douglas Wood）出版了环保寓言故事《老乌龟》（*Old Turtle*）（1993年），该书被美国书商协会评选为1993年的年度最佳图书并获得了国际阅读协会儿童图书奖。在迪士尼第一部动画电影《白雪公主和七个小矮人》（*Snow White and the Seven Dwarfs*）中，乌龟只扮演了一个小角色。1985年，在根据伊丽莎白·肖（Elizabeth Shaw）讲述的故事制作的东德动画片《乌龟的生日》（*Die Schildkröte hat Geburtstag*）里，人们为乌龟庆祝了100岁的生日。"动物园哥们"是1934

年至 1945 年英国广播公司广播节目《儿童时光》(*Children's Hour*)的主持人，他会定期回复听众的来信。宠物龟经常出现在英国广播公司 1958 年开播的儿童电视连续剧《蓝色彼得》(*Blue Peter*)中。在《花盆人比尔和本》(*Bill and Ben the Flowerpot Men*)中，有一大批小朋友们喜欢的木偶角色，其中有一只脾气暴躁的乌龟名叫“慢性子”。乌龟也是《巴布工程师》(*Bob the Builder*)等系列动画片中的角色。

在伊丽莎白·费勒斯（Elizabeth Ferrars）的侦探小说《猎龟》(*Hunt the Tortoise*)(1950 年)中，宠物龟齐齐扮演了一个转移注意力的角色。齐齐在花园中“失踪了”，在人们去寻找它的时候，凶手趁机从酒店打出了一个至关重要的电话。在露丝·伦德尔（Ruth Rendell）的《活色生香》(*Live Flesh*)(1986 年)中，维克托在 7 岁生日的前夜，发现父母正在亲热，随即又发现了自己的生日礼物——一只藏在食品室的乌龟。他撞见的这个“原始场景”给他留下了创伤。最终成为强奸犯的维克托，从那时起开始憎恶龟这种生物，即使一只死龟，也会使他昏厥过去。他总是躲着宠物商店走，还常在午夜从噩梦中惊醒，这些梦使他既害怕又痛苦。

艾伦·贝内特（Alan Bennett）的戏剧《卡夫卡的迪克》(*Kafka's Dick*)(1986 年)，是以主人翁卡夫卡没有在 1924 年死于肺结核为前提展开的。在弗兰兹·卡夫卡（Franz Kafka）最著名的作品——《变形记》(*Metamorphosis*)中，主人翁在醒来时变成了一只甲虫，贝内特作品中的卡夫卡则是英国一个小保险员西德尼（Sydney）家里的龟变成的。

一只来自科科尼诺县的乌龟，遭遇了乔治·赫里曼（George Herriman）（1880—1944 年）创作的疯狂猫。这是赫里曼为威廉·伦道夫·赫斯特的《纽约新闻报》（*New York Journal*）创作的动画形象。

该作品里的场景是赫里曼以美国西南部的科科尼诺县为原型进行创作的。

这部喜剧主要围绕着作家的生活展开，其主要人物有与卡夫卡同名的作家、其跋扈的父亲赫尔曼（Hermann）、既忠实又不忠实的传记记者马克斯·布罗德（Max Brod）、西德尼头脑简单的妻子等。因为活乌龟的表演很难掌控，所以在演出时通常会使用机械模型。

《龟壳》（*The Tortoise Shell*）（1996 年）是 72 岁的范妮·弗瑞文（Fanny Frewen）的第一部小说，这部小说中也有类似的情节。乌龟赫拉克利特（Heraclitus）的名字源自古希腊哲学家赫拉克利特（其主要观点为“万物都处于不断的变化之中”），由露西·多默（Lucy Dormer）夫人照顾，这位女士遇事会问她的龟有什么意见。当赫拉克利特被车碾过，龟壳受损严重，已经无法修复时，露西对它实施了安乐死，最终在露西的臂弯中结束了生命。它的乡村生活是和 95 岁的塞西莉亚一起度过的，露西不忍心看到塞西莉亚被迫流离失所，但是在露西丈夫的授意下，其女儿没同她商量便将塞西莉亚卖掉了。露西在晚上照顾塞西莉亚时给她服用了过量的安眠药。

从更大的范围来看，与龟相关的文学作品和艺术作品还有很多。随着媒体关注范围的扩大和影响力的增加，龟在文学艺术中发挥的作用也势必逐渐提升。自 20 世纪中期以来，随着人们对野生动物保护更加关注，对龟的保护活动也一直在增多。

第六章　守护“龟”

第二次世界大战后，人们更加关注动物。战争中人类的残暴行为让人不寒而栗，居然会有人想通过工业化发展成果实施种族灭绝。同时，人们对所谓的“万能解决方案”，即认为某个“主义”可以解决所有问题的想法，也不再抱有幻想。因此，20 世纪 50 年代，人们的注意力逐渐转移到解决单独的问题上，开始思考自己可以为解决这些问题做些什么。例如，1952 年费城上流社会的贵妇便为该城受虐待的动物组织了一场慈善活动——乌龟赛跑，这些女士头戴礼帽参加比赛，手中牵着要展示的宠物。最终，一只名为“闪电战马”的乌龟获得了胜利。

这个时期还涌现了规模更大的组织，比如 1953 年成立的世界动物保护联合会和 1959 年成立的国际动物保护协会。在发达国家的慈善事业中，呼吁大家保护乌龟的少数群体正在逐渐壮大，不再像以前那样认为龟是种可有可无的东西。

《水生动植物爱好者》（*The Aquarist and Pondkeeper*）的编辑安东尼·埃文斯（Anthony Evans）在 1951 年 6 月 2 日写给《泰晤士报》的一封信中问道：“真的有必要继续进口这种可怜的动物吗？”他将这个问题提上日程的原因是在艾塞克斯巴金海滩上发现的大约 1500 只死掉的乌龟。英国皇家防止虐待动物协会曾要求至少要禁止进口处于冬眠期的龟，因为冬眠期间的龟非常容易死亡，但英国贸易局主席却没有权限发布这个禁令。英国皇家防止虐待动物协会能做的只有通过媒体或者自身的努力来保护这种动物，如去学校进行讲座，对公众普及饲养乌龟的正确方法。这些努力取得了不错的效果，比如对于乌龟拒绝冬眠的问题，伦敦动物园爬行动物部收到很多饲养者的咨询，这便是很好的证明。乌龟不冬眠的情况通常发生在天气温暖的秋天，那时的天气还未达到乌龟冬眠的低温，但是这个阶段它们会四处走动，消耗夏天所存储的脂肪和热量。想要解决这个问题，只需将乌龟放进一个带盖但不密封的盒子中，然后将盒子放到温度较低，而且没有霜冻和光照的地方即可。

动物保护大学联合会还收集了进口龟类动物的证据，进口单位直接用吨来衡量。当摩洛哥将乌龟年出口吨位从 100 吨减到 50 吨后，英国进口商开始寻找其他的乌龟出口地区，开始从巴尔干半岛和突尼斯进口乌龟。巴尔干半岛的乌龟一般是装在通风良好的箱子里，由通风设施完善的火车直接运输到英国需要 4~5 天，突尼西亚陆龟一般先由突尼斯海运到马塞，再通过火车从法国运到英国。运输过程中，将近一半的乌龟会死掉。根据一些专家的测算，仅有 1% 的进口乌龟可以活过 1 年；但是根据英国皇家防止虐待动物协会的统计，这一比例不到 10%。降低死亡率有一种办法，就是禁止进口腹甲长度小于 4 英寸[①] 的龟。

1962 年，英国下院议员向议会提交了相关提案，并获得了政府的支持。随后协会与乌龟进口商达成了一项自愿协议，不再进口小龟。如此一来，英国的乌龟进口数量由 1962 年的 18.9 万只下降到了 1963 年的 15.6 万只。但这个

① 1 英寸 =2.54 厘米

下降只是暂时的。1964 年颁布的限制进口的动物法案并未发挥什么作用。1972 年上半年，乌龟进口数量就回升至 24 万只。这个数量与法国进口的乌龟数量（主要从北非进口）相似。

抓捕、包装、运输过程都会对乌龟造成伤害。抓捕乌龟的通常是乡间的儿童，一只龟大约可换 1 便士[①]。在进行装箱时，人类便不会再为乌龟提供食物和水，因为这样可以防止它们在运输过程中排便。许多龟挤在一个柳条筐里，导致它们挤压、窒息死亡，或者饿死。托运人对这种密集装运的辩解是，这样可以防止货物受损。浅板条箱设计的初衷是用于冷藏卡车的装运，但是这种箱子如果货物堆积一起并不够结实。将这种箱子用于乌龟的长途运输的话，乌龟便不会相互攀爬，而且这种包装也能使乌龟安睡。它们昏睡的状态与冬眠相似，有时会让人误以为它们已经死亡，如 1978 年，英国广播公司（British Broadcasting Corporation，BBC）播放了对一位来自萨里郡的乌龟进口商——罗伯特 · 巴特罗克（Robert Baltrock）的指控。他用冷藏卡车从土耳其进口了 42 000 只龟。1982 年，高等法院下达最终判决：罗伯特要为此支付高额损害费和诉讼费。BBC 的法律顾问说："有人会用板条箱中的几只死龟来证明这种运输方式造成了很多乌龟的死亡，但大家公认这种结果不是由进口商的疏忽造成的。"

英国皇家防止虐待动物协会偶尔会通过媒体向公众公布部分进口乌龟的命运，该协会在哈罗设有专门机构，在希思罗机场还有家招待所，并在港口设有检查人员。1972

---

① 1 便士 ≈0.37 元

年，1400 只土耳其龟在海上航行 4 周后，全部死在了一艘希腊货船上，这个事件促使英国上议会呼吁全面禁止这种动物进口。

对于从艰辛的旅途中幸存了下来，买主对它们又照顾不周的乌龟的命运，我们便无从得知了。为了改善这种情况，有人建议征收高额的关税和货物税，这样可以提升龟的价格，以期通过高昂的售价使这种动物获得更好的照顾。对一些残忍的虐待事件，如男孩用石头砸乌龟或者毁坏龟壳，或者伦敦某个日式料理的厨师在没有将龟预先杀死的情况下，就将龟放进滚水中，这些行为可能会被起诉并受到社会的谴责。然而，对这些行为的罚款金额并不高。1978 年，一名日本料理厨师长仅被罚了 50 英镑，主厨则只被罚了 25 英镑；两名经销商因在运输中给乌龟造成不必要的损伤而被罚款，但其罚款金额由 1800 英镑减到了 370 英镑。龟还可能会受到犬类及类似动物的攻击，如杰克罗素㹴犬、梗犬、狐狸和獾等。这些问题并没有引起过多关注。

1972 年，英国政府认为完全禁止乌龟进口是不合理的，因此没有批准欧洲委员会关于在运输过程中保护动物的公约。龟甲的保护情况要好一些。从 1976 年年初开始，英国对龟甲和未完工的龟甲制品的进出口实施新的管控措施。人们的态度也因此开始转变。1979 年，新闻报道了诺丁汉郡附近的一家农场，该农场占地 0.6 公顷，有 6000 多只乌龟正在繁育，因为诺丁汉郡的气候条件适合乌龟交配。由于进口乌龟死亡率很高，一位进口商开始尝试在国内进行乌龟繁育。1979 年年底，乌龟进口商接受了政府设置的乌龟进口配额，即每年进口 10 万只乌龟。为了民众饮食安全，法国政府禁止鱼贩子将活乌龟作为食物出售。众所周知，乌龟是人畜共患病的载体，可在人和动物之间传播疾病。它们的粪便中很有可能含有沙门菌，所以主人（特别是儿童）在接触它们后应彻底洗净双手。美国的部分州则禁止乌龟贸易。

自 19 世纪 90 年代以来，地中海龟特别是欧洲陆龟主要出口至英国和其他一些国家。“二战”后，北非乌龟数量的下降，使东欧成为乌龟出口的另一个货源地，主要出口赫曼陆龟和缘翘陆龟。自 1984 年起，欧洲经济共同体开始对欧洲陆龟、赫曼陆龟和缘翘陆龟三种乌龟贸易实施禁令。该禁令（即第 3626/82 条例）与《濒危物种国际贸易公约》（*Convention for International Trade in Endangered Species*）禁止乌龟商业贸易的附录 1 内容大体一致。据估计，在近一个世纪的时间里仅英国进口的乌龟数量就高达 1000 多万只，而这些龟中只有 100 万只熬过了第一年。

为了使国际旅客更加关注该条例，世界自然基金会以及英国海关与关税署在机场共同举办了主题为“买者当心”的展览。因为在进行人工繁育，所以即使有这个禁令，也还是可以购买到地中海陆龟。这种生物的无偿赠送是合法的。在英国，乌龟的售卖或易货贸易都需要持有野生动物和贸易许可司（英国环境事务部的一个分支机构）颁发的许可证。但糟糕的是，乌龟饲养员需要填写每只被售卖乌龟的信息表，而这些信息很容易被盗用。

英国海关查获的非法进口乌龟，会通过龟类保护团体重新寻找可靠的主人。例如，在盖特伦特机场发生的一个事件，俄罗斯海员想用 22 只乌龟换取香烟，结果被店员的惊恐表情吓得仓皇而逃，匆忙间还将 5 只变色龙忘在了该店的盆栽上。两名埃及船员在林肯郡克利索普斯的市场被捕，当时他们正在市场上兜售稀有品种的乌龟。这两名声称乌龟是护身符的船员最终被判入狱 4 个月，而这些乌龟则被交给了乌龟信托机构处理。

埃及陆龟是濒危物种。旅游业的发展、逐渐增长的绵羊和山羊牧群数量、土地开垦计划和现代务农方式都在破坏这些龟的沙漠栖息地。贝都因人现在用卡车将牧群从一个牧场运到另一个牧场（包括边缘地区），这种做法造成了严重的过度放牧。这也直接加剧了乌龟与其他动物物种的竞争，这些动物与乌龟处于同一栖息地，食物相同，进食季节也相同。灌木丛是这些动物的天然家园，也是贝都因人半永久建筑的传统建筑材料。在西奈北部，新灌溉技术的应用以及抗旱植物（如桃树）的种植都在蚕食乌龟的栖息地。由于与使用骆驼、驴和简单农具进行的耕作方式不同，农业机械无法对收割的植物进行辨别，从而导致多年生植被遭受破坏。

除了应对这些高速发展带来的问题，乌龟还要对付天敌。埃及陆龟由于体形较小，两个月体重仅能达到 10 克，所以成为乌鸦、渡鸦、狼、鬣狗和狐狸的猎物。它们在洞穴中躲避沙漠的高温时还可能会遭到啮齿类动物的攻击。由于数量稀少，这种龟的售价较高。1997 年 2 月，警察突袭了臭名昭著的开罗萨依达·阿伊莎动物市场，没收了 300 多只埃及陆龟，这些龟的处境堪忧，有的脱水严重，有的患有肺炎。为了妥善安置这些乌龟，国际组织展开合作，以期为这些龟提供即时护理，并且确保它们未来的安全。这些龟经过人工饲养，安装了用于追踪的无线电发射器后，就被送回了原产国的一个保护区。人类对乌龟的生活产生了巨大的负面影响，现在也只有人类自己才能修复

这种小型埃及陆龟（Egyptian tortoise）体长很少能超过 15 厘米，它们斑点分明，引人注目。本图为 19 世纪 80 年代法国科学绘制的插图。

这些影响，改变现状。

禁令实施的最终后果却是令这些常见龟种在欧洲经济共同体的 10 个成员国或者将来所有的成员国境内变得更加稀有。因为数量稀少这些龟的市场价暴涨。特别是在经历了 1985 年的酷夏之后，许多龟都变得不太活跃。由于没有充足的食物让它们积蓄足够的脂肪，又身在外地需要面对比家乡更加漫长的冬眠期，这对它们是极大的考验。这些在 20 世纪 50 年代价格仅为几先令的动物，现在报价已经高达几百美元，其通货膨胀率远高于不动产，甚至与某些艺术品的价值增长率不相上下。1986 年，英国龟类保护协会（British Chelonia Group，一家旨在保护乌龟的组织）警告说有人在偷盗乌龟并以每只 150 英镑的价格售卖。钱还不是关键问题。多年来饲养宠物龟的主人，在失去它们后会非常伤心，他们认为不论是谁偷走了这些龟，都不可能像原来的主人那般悉心地照顾它们。这些宠物龟极有可能会被人卖到酒吧之类的地方，所得费用用于支付酒钱或购买毒品。

1999 年，特蕾西·刘易斯（Tracey Lewis）在北威尔士一个营地度假时发现了一只在路中央徘徊的乌龟。她将这只龟捡了起来，免得让过往的车辆把它压死。因为不知道它来自何处，只能将它放在营地附近的林地里让它自寻生路。一周后，一名私家侦探找到特蕾西，龟的主人委托他来寻找失踪的乌龟“特里”（Terry），特里是这家的“传家宝”，已经在主人家生活了 42 年。令特蕾西难以置信的是，她被卷入了一起 600 英镑的盗窃案，警察为此还将她扣押了 7 小时。最终一对夫妇在树林里发现了特里并将它还给了主人，对特蕾西的控诉才被撤销。

植入一个比米粒还小的识别芯片需要精细的操作。

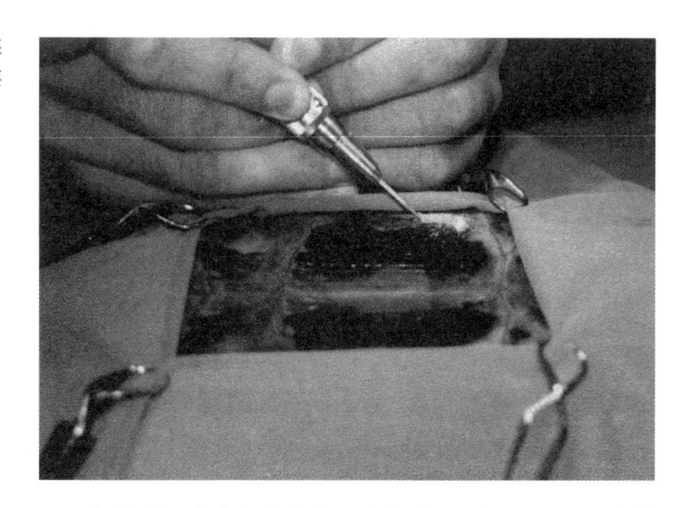

如果附近有乌龟偷盗者，在龟壳上写上地址可以降低乌龟的被盗风险，将龟送回还可以领到赏金。1999 年，肯特郡一家汽车修理厂的名叫塞米（Sammy）的乌龟被盗，其主人为找回 37 岁的塞米而悬赏 500 英镑。这只龟的价值可能比那些同时被盗的维修工具更贵。英国和当地媒体组织进行了大量宣传，同时号召龟类保护团体、警察、英国皇家防止虐待动物协会、兽医和宠物贸易的成员参与寻找。在被偷 5 个月后，塞米的主人接到了一个匿名电话，得知了塞米的踪迹并最终把它寻了回来。还有一对名叫邦妮（Bonnie）和克莱德（Clyde）的乌龟被人从萨里郡灵菲尔德的一个花棚中偷走，主人为寻回它们悬赏了 4000 英镑。英国东北部的一个偷龟贼烧掉绑在龟身上的尼龙绳，把一只饲养了 45 年的宠物龟给放了。所以说采取有力的安全措施十分必要，其中一个得力措施就是在它们的窝附近安装警报器。

急剧上涨的价格使野生动物的走私活动日渐猖獗。在原产地，乌龟的价格会相对便宜，通常每只不超过两欧元，但是这对孩子或对当地的捕龟者来说已经是一个不菲的价格。乌龟经销商丝毫不在乎如何照顾乌龟。它们被关在笼子里，放在炙热的阳光下，几乎没有食物和水。在旅游城市的露天市场，比如摩洛哥的马拉喀什，可以看到公开售卖的羊头以及挤在筐中待售的小乌龟。这些商人很忌讳那些在摊位前拍照的人，他们会阻止游客拍照，以免这些照片成为他们违法的证据。有些人会将乌龟塞进箱子或者行李箱中运到国外。这些龟在欧洲市场的销售，至少可带来 100 倍的净利润。这也就难怪过去一直在下降的贸易额现在又开始回升。2000 年 8 月，意大利警方在罗马机场截获了 20 000 只从美国路易斯安那州进口的违禁红面龟。这种小龟是北美洲和亚洲的濒危物种。查获的这批小龟出生没几天，只有硬币大小，被人塞在 40 个纸板箱中。一位都灵的商人以每只大约 1 美元的价格购买了这批乌龟，他因此受到了刑事指控。

随着乌龟价值的上涨，人们比以前更加需要先进的识别手段。因为每只乌龟的腹甲都具有独特的颜色和图案，在成长过程中也能一直保留下来，所以对其腹甲进行拍照存档具有与采集人类指纹进行识别相同的作用。将这些“指纹”拍照存入计算机，并为其添加品种、年龄和其他识别标记信息，这些信息会成为一只龟的注册资料。另一种更复杂、成本更高的方法是由兽医为乌龟植入芯片。将一种微小设备植入动物皮肤，建议的植入位置是左后腿。不建议在颈部或肩部区域植入，因为有撕裂颈静脉或颈动脉的风险。对于 10 岁以下的乌龟，特别是小型龟来说，这些芯片的尺寸还是有点儿大。乌龟植入芯片的操作其实就相当于在人类的腹股沟植入一部手机。所以芯片的尺寸使欧盟旨在保护野生动植物的338/97和939/97条例（规定不得出售没有植入定制芯片的幼龟）变得不太现实。此外，芯片还可能会在乌龟体内移动引发感染。这些芯片作为识别乌龟个体的“永久性”标识，一旦安装便无法移除。乌龟的寿命到底有多“久”还无从得知，必须通过手持扫描仪才能读取芯片信息。

不只是家庭饲养的宠物龟有被盗的风险。1999年，在布朗克斯动物园的某个每周“自由日”，两只珍稀的小型埃及陆龟被盗。窃贼用螺丝刀撬起厚玻璃盖的边缘，将手伸进箱子，抓走了两只6.3厘米长，每只黑市单价在500~600美元的乌龟。1995年埃及陆龟的数量据估计已不足5000只，同年国际社会就达成协议，禁止这种乌龟买卖。这两只龟是该协议实施后由该动物园严格仿照沙漠环境人工繁育的第一批乌龟。幸运的是，布朗克斯的一名男子在附近的公园中发现了这两只龟，当时有两个年纪不大的少年正在跟这些龟玩耍，该男子出价90美元从两名少年手中买下这两只龟，并在看到这起盗窃事件的新闻报道后报了警，最终警察将这两只龟送回了动物园。为了确保龟的安全，动物园为它们安装了摄像头。

欧洲关于乌龟进口的禁令更加激起了人们对繁育饲养乌龟的兴趣，乌龟孵化大约需要72天，孵化出小龟后，乌龟主人不仅需要密切关注乌龟的居住条件、饮食情况，还要了解乌龟的常见疾病和治疗方法。人们可通过相关文章、宣传单、讲座和视频来获取养殖方面的建议。在英国，全国性的乌龟保护团体包括创建于1976年的英国龟类保护协会和1986年成立的乌龟信托组织（The Tortoise

Trust)，其中后者是世界最大的陆龟和海龟保护组织的分支机构，其会员遍布 26 个国家，此外还有各种动物园和当地的保护组织。世界各地都有人喜欢养乌龟。例如，加利福尼亚龟鳖俱乐部自 1964 年以来就致力于陆龟和海龟的保护、研究以及乌龟知识的普及。该俱乐部还发行了月刊《龟岛公报》(*Tortuga Gazette*)，向公众进行乌龟常识的科普。还有专门研究沙漠龟的组织。人们也举办关于乌龟保护和人工饲养的国际专题座谈会，并制定了具体的实施方案。此外，他们还对外公布了某些国家和地区（如印度和东南亚）的龟类贸易报告，主题便是对乌龟的饲养和保护。

俱乐部内部也会互帮互助。俱乐部成员会在受助者承诺不出售幼龟的前提下提供孵化服务；还会提供同一龟种间的配对服务。饲养者需要对出生时体重仅为 5~15 克的幼龟给予特殊照顾。在它们刚出生的那几年，它们的身体还不够强壮，难以度过冬眠期。它们需要生活在生态缸中，最好是昼夜温差适宜的恒温环境；其食物是种类繁多营养丰富的沙拉，人们每天给乌龟宝宝投喂分量适中的食物，同时添加维生素和矿物质等营养成分。尽管这些食物很健康，但是过量的投喂还是会导致这些幼龟在龟壳柔软未成形时体重超标。超重会造成龟壳弧度太低，而过低的龟壳使乌龟行动更加不便。此外，俱乐部还会普及辨别乌龟性别和品种的方法，以免人们将它们混为一谈。另外，不同种类的乌龟会互相撕咬。

科学饲养乌龟需要考虑许多因素。花园是否能防止乌龟逃走？或者花园中是否有有毒植物？食用有毒的植物和鹅的粪便，都可能导致乌龟死亡。乌龟的攀爬能力可能会由 X 线片显示可知，乌龟也会像人类一样患膀胱结石。

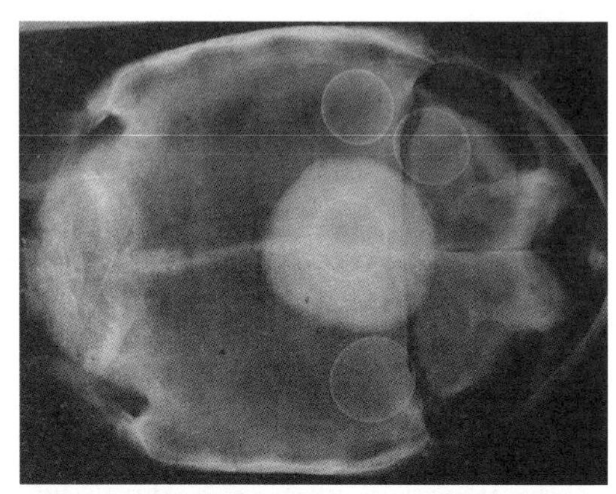

此 X 线片显示，这只乌龟出现“难产”问题。

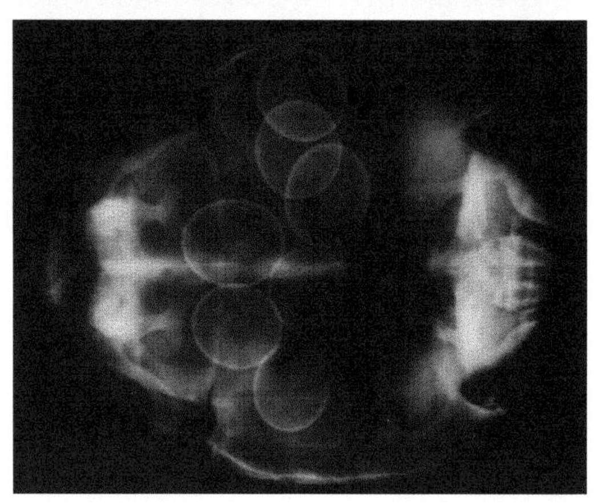

超出大多数人的想象。它们会自然进入冬眠状态，但是选择的冬眠地点却不一定安全，它们有时会藏在自己打的洞中，有时会藏在花园中用于生火的枯叶堆下面。因此，它们有时会死于意外的篝火燃烧，此外还可能会遭到地下捕食者的袭击。室温 4 摄氏度左右的房间最适合乌龟冬眠，当然前提是这个房间必须是安全的。曾经就有老鼠溜进乌龟冬眠的房间，趁机啃食了正在冬眠的乌龟，到春天的时

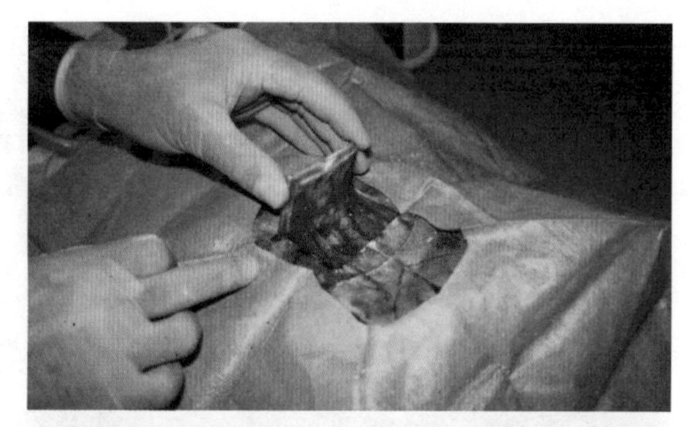

需要从胸甲对其进行微创手术。

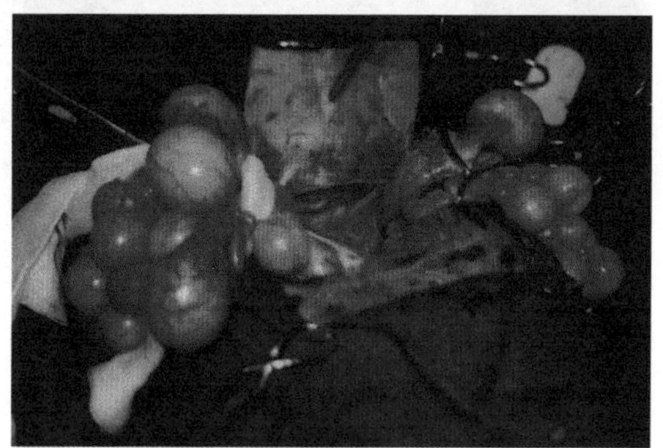

乌龟卵终于被取了出来。

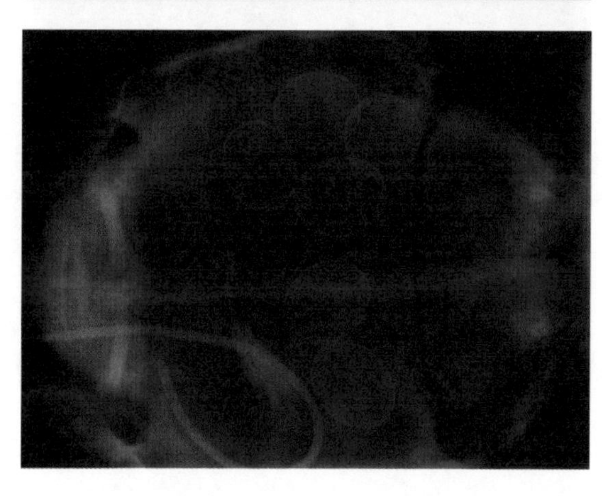

无法正常产卵会使乌龟食欲不振，脂肪储备被血液吸收，造成肝损伤。治疗厌食乌龟的方法之一就是将高纤维食物直接送进乌龟的胃里。

这只刚孵化的霍斯菲尔德陆龟的龟壳还比较柔软，被狗咬得遍体鳞伤。

用丙烯酸树脂将破碎的龟壳重新粘合起来。完整的龟壳可帮助这只幼龟生存下来继续成长。

手术后，用丙烯酸树脂将龟壳的切口重新密封，并用敷料加以保护。日复一日，龟壳将会完全愈合。

25 年来，这只名叫霍比的龟都用 3 条腿行走，这种行走方式磨损了它的胸甲，单薄的胸甲已无法有效保护它的软组织。这个迷你滑板可将其身体提升至正常高度，滑板的滑轮能让它更灵活地移动。当然，地面如果不是很硬就可以把滑板卸掉。

现在动物运输的速度已大大提升。在伦敦希斯罗机场的动物接待中心，这些空运来的乌龟装在专门为乌龟设计的箱子里。

候乌龟仅剩下了一副空壳。冬眠时应使用合适的绝缘材料。不建议使用甘草或者稻草，因为这些材料可能会导致乌龟感染螨虫或者引起呼吸问题，因此干净的碎纸效果会更好。

龟类的大多数疾病是由恶劣的生活环境和营养不良造成的。细菌、真菌、病毒和寄生虫感染会影响龟壳的健康，因此乌龟在感染后需及时就医。如未及时处理，可能会导致龟壳永久变形。篝火或者其他原因造成的烧伤，也需要进行专业治疗。人们通常使用镊子夹除乌龟身上的蜱虫。如果乌龟经常活动的花园中没有岩石，那它们的指甲就需要人工修剪。肠道蠕虫需要使用药物治疗。在产卵过程中遇到问题，比如通过超声波或 X 线片检测到不正常的乌龟卵且没办法通过药物治疗时，便可在麻醉状态下对其进行剖腹产手术。手术时会使用大功率的电锯在龟壳上切开一个方形的洞。手术完成后，再替换好切掉的龟壳即可。人们可以使用玻璃纤维修复狗、狐狸、老鼠所造成的，或者其他有意无意地撞击而导致的龟壳损伤。这些纤维会在龟壳再长出来后自行脱落。龟壳是一个活的有机体，这点与我们人类的指甲不同。

1998 年，一位兽医修复了一个被两名 10 岁男孩用砖头砸成 30 块碎片的龟壳。这是一个为期两天的大手术，任何已经从身体上脱落的碎片都不能再使用，而其他碎片需要进行充分清洗消毒以免感染，同时还要用绷带进行加固以加速龟壳的愈合。如果乌龟在跌倒时摔断或者失去了一条腿，人们可以为它安装一个儿童玩具车的车轮来辅助行走。另一种据说可以帮它保持平衡的方法是为乌龟配置一个由底座和 4 个轮子组成的助行架。该助行架配有辅助车轮转弯的独立悬挂系统，并通过强力胶粘合在乌龟腹甲上。这种“专业手术”完成后，对脊椎受损或者孵化后营养过剩的乌龟大有助益。有一只重达 25 千克下颚错位的缅甸龟，名字叫辛西娅（Cynthia），生活在澳大利亚悉尼塔龙加动物园教育中心。人们用 3 颗螺丝钉为它做了手术：下颚安装两颗，上颚安装一颗，外加一个强力橡皮筋便为它解决了后顾之忧。人们会在喂食辛西娅时取下起固定作用的橡皮圈。乌龟不会咳嗽，但可能会患上肺炎等呼吸道疾病。

欧洲共同体的禁令同时适用于龟甲贸易。从 1984 年 1 月 1 日起，任何进口、购买或销售龟甲制品的行为都是违法的，除非该物品的进口和生产日期早于该禁令实施日期。该禁令对小提琴和大提琴琴弓的制造产生了冲击。该行业将龟壳制成螺母状的零件，用以连接马毛和弓杆，但是挑剔的客人并不喜欢使用人工合成的替代品。

禁令并不适用于所有国家和地区，而且执行时也存在难度。1997年，一位到访突尼斯的英国游客安·奥文斯通（Ann Ovenstone）在苏塞看到如下场景：

> 一座由至少300个龟壳堆成的小山让人触目惊心，这些龟壳像轮胎一样整齐地堆积在一起，几乎都一模一样，每只龟壳大约10厘米长，有漂亮的标记，每个售价6英镑。但是最恐怖的还是收银台后面的货架，那里陈列着一排排色彩亮丽的乌龟，这些龟腿部和头部有鲜黄色的标记，体长也是仅有10厘米左右，外表刷有几层船用清漆。后来我才发现，这些乌龟要么是被塞进水里强行淹死的，要么是让它们仰卧倒地直至死去。之后再将这些死掉的乌龟摆放成所需的姿势，再在清漆中浸泡几次，最终让其自然风干。这些乌龟的售价在每只12英镑，从供货的数量来看，这应该是一条收益不错的旅游路线。在商店后面的旧城区和露天市场里，有好几百个摊位，这些摊位在老城区内外星罗棋布，如同迷宫一般，据我估计，每4个摊位就会有1个摊位在出售活龟。在第一个摊位，我弯腰在塞了20多只乌龟的纸板箱中捡起了1只，这只龟的状况非常糟糕，体重非常轻，无精打采的。当老板看到我这个潜在客户后，便两眼放光地走了过来，我被拖进摊位后的店铺里，那里有另一个箱子，箱子里大约装了20只龟，或者说是一些刚孵化的小龟，身长仅有3.8厘米。店主说这些小龟才出生7天，放在口袋里就能带回家，而且还让我自己出价。

欧洲的乌龟贸易并没有结束。人们仍可从宠物商店购买到当地繁育的非濒危品种的乌龟，如豹纹陆龟和印度星龟等。对于那些对猫、狗等常见宠物过敏的家庭来说，将乌龟作为宠物确实是一个不错的选择。

世界自然基金会和世界自然保护联盟实施了野生动物监测计划，对 1993—1995 年监测到的数据进行分析发现，东南亚地区还存在着比宠物龟规模略小的贸易形式：以龟类为食材和药材等方面的贸易。这种贸易规模增长迅速，每年的乌龟交易数量高达几十万只。来自缅甸、柬埔寨和老挝的乌龟，通过越南走私到中国，用于制作传统药物。它们是药茶的重要成分，据说这种药茶具有清热、利尿、止痒等功效，甚至可以缓解湿疹和牛皮癣等严重症状。据估计，每年乌龟贸易的成交量在 15 万 ~30 万千克，价值最低为 100 万美元。低廉的运输成本和高额的利润使乌龟贸易的收益非常可观，但也导致很多乌龟品种濒临灭绝。通过国际走私集团，这些濒危物种甚至可以远销到美国。

乌龟卵和龟肉同样有市场需求。伊斯兰教在饮食上禁止食用龟肉，但是对龟卵没有限制，因此龟卵在很多伊斯兰教地区很受欢迎。不过佛教教义对龟有一定的保护作用。信徒认为将一只龟送到寺庙以免被人吃掉，这种拯救生命的善行会在来世得到回报。

人们在禁止乌龟贸易的同时也致力于对乌龟的保护，特别是濒危品种。人们在圣克鲁斯岛建立了查尔斯·达尔文研究站，以保护仅存 14 个亚种的加拉帕戈斯象龟。以达尔文的名字命名工作站真是再合适不过了，他年轻时曾在加拉帕戈斯群岛进行研究，晚年同其他野生动物保护者和毛里求斯政府一起在毛里求斯建立了阿尔达布拉象龟人受达尔文的影响，人们将乌龟从阿尔达布拉环礁南迁到毛里求斯岛，让这些龟在那里继续繁衍生息。

工繁育基地，并对阿尔达布拉环礁进行保护。对这种爬行动物进行人工繁育和研究是为了使这种生物生存下去。在1995年建立的加拉帕戈斯保护协会的支持下，各项工作进展显著。例如根据加拉帕戈斯群岛新闻的报道：2000年3月24日，第1000只龟在其故乡埃斯帕诺拉岛放生，而1963年年中，人们在该岛15只正在大口进食的山羊中间

2001 年联合国发行了濒危物种系列邮票，其中就有加拉帕戈斯象龟的图案。

发现了一只正在吃仙人掌的乌龟。这只龟形单影只，没有同类同伴，而且也很难找到它的同类进行繁育。此后，埃斯帕诺拉岛的山羊被全部移走。

塞舌尔群岛也存在类似的保护项目。当地有一种风俗，会给刚出生的女孩准备一只小龟，等这个女孩长大结婚时，会在婚宴上吃掉这只已经发育成熟的乌龟。塞舌尔赠送给英国女王伊丽莎白二世一对巨龟，女王为让它们获得悉心照顾，将这两只龟送到了动物园。阿尔达布拉环礁已被列为世界遗产保护区，该岛龟的形象也出现在塞舌尔的硬币和纸币上。在私人拥有的鸟岛上有一只名为艾丝梅拉达（Esmeralda）的雄龟，据说已经 150 岁，主人允许儿童骑在它的身上。一对英国夫妇在回访它时，还曾体贴地为它带来了一袋生菜。在将这些乌龟转移到安全地点时需注意，不要将疾病或可能的危险生物引入健康的龟群。在桑给巴尔昌古岛的乌龟保护工作中，人们利用微型芯片防止乌龟被盗，效果显著。

东非的饼干龟处境堪忧。该物种拥有柔韧的龟壳，还有一种独特的本领：在受到威胁时迅速躲到岩石下，钻进石头裂缝里。饼干龟会在避难所附近活动，因为它们柔软的龟壳很难抵御猛禽（如地犀鸟）或小型肉食动物（如猫鼬和果子狸）的攻击。处境更加危险的是马达加斯加岛的犁头龟（ploughshare tortoise），因腹甲有向前突出的角而得名。它们是世界上最稀有的乌龟品种，据传目前仅存400只左右。在收藏者眼中这类龟价值极高，因此马达加斯加丛林乌龟保护基地中有将近一半的乌龟被人偷走。

法国人对乌龟的保护意识和这里的气候特点，使欧洲成为乌龟的避难所，特别是科西嘉岛。会计师菲利普·马尼昂（Philippe Magnan）儿时养过两只乌龟——佐亚（Zoa）和佐伊（Zoé）。1985年他看到一只赫曼陆龟被狗咬伤，从那之后他决定要实现儿时的梦想，即繁育、研究和保护他最喜爱的动物——乌龟。在朋友的帮助下，他在科西嘉省会阿雅克肖的一块2.5公顷的土地上建立了乌龟保护协会和基地——阿库普拉塔乌龟主题公园。菲利普称这里是欧洲首屈一指的龟类避难所。在这里，乌龟可以在地中海气候下的自然环境中快乐生活。现在，该组织已经拥有来自五大洲150多个龟种的3000多只陆龟、海龟和水龟，每年的访客数量可达到50 000名。该公园在1998年开始对外开放。

法国为了保护本土的濒危龟种——赫曼陆龟，于1988年在莫尔山山麓优美安静的自然环境中创建了世界龟类保护与研究站。该研究站是在阿尔卑斯普罗旺斯高地特别建造的乌龟村，这里所有的乌龟都是它们的前任主人捐赠的，而且在放生前可获得悉心的照顾。该机构的成功促使人们在佩皮尼昂附近的龟谷（毗邻比利牛斯山）和科西嘉北部的阿斯科山谷（国家公园的一部分）建立了类似的保护中心。2000 年，人们还创建了供游客查询乌龟信息和相关养殖建议的网站。在土耳其西南部的奥林帕斯村，乌龟保护中心会将繁育的小龟养到 5 周岁，再放归自然。在法国的影响下，西非的法语国家建立了类似机构，如塞内加尔龟类保护中心。

苏珊·特勒姆（Susan Tellem）和马歇尔·汤普森（Marshall Thompson）夫妇于 1990 年在加利福尼亚州马里布创建了美国龟类救援组织，该组织旨在为所有的陆龟和海龟（常被人称为“有腿的石头”）提供营救、治疗、收养和保护服务。夏天是他们最繁忙的季节，有大量的营救工作。他们会营救很多受伤和生病的龟，这些龟的问题包括被狗或其他捕食者袭击造成的伤口，被汽车碾压造成的损伤、截肢、龟壳腐烂、饥饿、应激、生长缓慢、上呼吸道感染、寄生虫及肝脏和肾脏疾病等。其中很多症状都是由主人或缺乏乌龟生活知识的人造成的，还有一些乌龟受到了残忍的虐待。

美国乌龟救援组织与美国乌龟信托机构同心协力，呼吁公众不要购买苏卡达幼龟这种北美洲销售量最多的宠物龟。这些生活在撒哈拉以南非洲的苏卡达象龟（Sulcata tortoise）是一种巨型龟，是世界第三大龟种。成年雌龟 1 年可产 90 枚卵。对于食物充足的宠物龟，孵化不久体重就能在较短时间内达到 100 千克。伴随体重的增加，它们的力量和攻击性也随之增强。美国乌龟信托机构的董事达雷尔·塞内克（Darrell Senneke）曾警告说：“这些乌龟的新主人很快就会发现，这种体形的动物具有潜在的破坏性，是一种野性难驯的动物。一只成年的苏卡达象龟可以移动钢琴，或者拱穿普通房屋或公寓的墙壁。”苏珊·特勒姆补充道：“许多主人认为，在这些乌龟出现问题时，动物园会收留它们。但事实并非如此。动物园对遗弃的动物并不感兴趣（2001 年 5 月 1 日联合新闻稿）。救援基地也仅能接管一部分。

总部位于佛罗里达的龟鳖研究院成立于 1997 年，致力于乌龟的研究和保护工作。该机构的主管（著有《海龟百科全书》（*Encyclopedia of Turtles*）（1979 年）、《加拉帕戈斯象龟》（*The Galápagos Tortoises*）（1996 年）和很多科普文章）彼得·普里查德（Peter Pritchard）博士向我们简单介绍了该研究院的资源：

> 我们已经收集了多种现存的乌龟品种，包括阿尔达布拉象龟（Aldabra tortoise）和加拉帕戈斯象龟以及一些用酒精保存的标本和骨骼样本。这些收藏品是我在全球旅行时收集的，还有一部分来自社会捐赠。从来没有哪种生物付出过如此大的牺牲，从该机构保存的标本和骨骼样本便可见一斑。我们可为来访的科学家和学生提供多种国际资源，包括科学图书馆、龟种分布地图、幻灯片、电影和录像收藏，以及从经典雕刻艺术品到现代原创艺术、海报和古董的相关艺术品。我们也在国外进行实地考察。

来自西方各个研究所和动物园的专家们参观了当地的栖息地，并就健康和安全问题提出了饲养和管理建议。他们收集与乌龟行为相关的各方面信息，组织对栖息地的调查以期对乌龟数量趋势进行分析，然后对建立乌龟避难所、乌龟繁育、研究和公众教育方案等提出建议。这种访问活动通常仅会持续几周或数月，因此最重要的还是当地的野生动物保护主义者，他们要继续开展保护工作，并一直保持联系。

野生动物与“社会进步”之间仍存在冲突。乌龟喜欢沿海荒地，而这些自然栖息地也是商业开发的重要地段，例如希腊的别墅建设用地等，这些地方动辄会有人故意放火烧荒，或者被沙漠越野车和摩托车司机们侵占寻欢。在阳光之州佛罗里达的哥法地鼠龟栖息地上建造房屋存在双重隐患。人多之后车也变多了，而这些车可能会碾死或碾伤许多乌龟。人类丢掉的食物会引来浣熊，但是它们也会吃掉乌龟卵和新出生的小龟。龟的成熟速度比较慢，每年孵化的幼龟数量也相对较少，且幼龟的死亡率较高，因此这些减少的乌龟数量需要一段时间才能恢复。其他栖息地则被开发成农场和畜牧场。低收入国家中的偷猎者可以从珍稀和濒危乌龟的收藏者那里获得快速回报，而他们偶尔才会被警察抓住。

这是一场旷日持久的战争，高尚的野生动物保护主义者会综合考虑全球范围的自然遗产保护和“人类的需求”。毋庸置疑，野生动物保护主义者的工作已在发达国家取得了相当大的进展，如禁止乌龟贸易、加强现存乌龟的保护等。通过媒体的宣传，国际社会对濒危物种保护意识也已大大提升。然而，当地居民仍认为野生动物是一种商品，这种商品的利润率要远高于初级生产或日常贸易的利润率。尽管在打击濒危物种买卖方面我们取得了巨大的成功，并实施了前景乐观的再生计划，但这似乎是一场不平等的斗争。因为双方的目标有分歧，这场斗争注定仍会继续。

第七章　无所不在的“龟”

龟甲竹比较罕见，容易辨认。

画乌龟是很简单的一件事，其形状一目了然。不论是运用了技巧还是随手绘制的乌龟，其轮廓或侧影都不可能被错认为其他动物。例如，在葡萄牙西北部的佩内达 - 格雷斯国家公园的卡斯特罗拉沃雷罗有一块侵蚀而成的“龟石”。同样地，南非西开普敦省的帕尔原住民将当地三大块闪闪发光的花岗岩岩层命名为龟山。竹子有一种罕见的变种，即龟甲竹，因为它们表面看起来像一块块龟甲而得名。

乌龟形象独特，常被设计成浴油胶囊、书签、瓶塞、面包、蜡烛、椰壳的雕刻图案、景泰蓝瓷器上的图案、电脑剪贴画、门挡、鞋刷、织物图案、冰箱贴图案、水泥浇筑的花园装饰品、眼镜、背囊、滚刀、夹具（例如回形针）、钥匙环、果冻模具、珠宝（如吊坠）、饰带、灯具（其中包括蒂芙尼系列新艺术风格的现代作品，该系列添加了乳白色的玻璃镶嵌图案）、鼠标垫、桌垫、音乐盒、储钱罐、笔记本封皮、镇纸、卷笔刀和铅笔帽、木偶（如 1963 年推出的佩勒姆木偶，现已比较罕见）、戒指、肥皂、海绵、印图案用的模板、T 恤图案、茶筒、茶壶、茶巾、领带图案、瓷砖图案、灌木修剪造型、笔帽、玩具（机械玩具和毛绒玩具）、风向标和其他物品等。

通过借鉴乌龟独特的形状和龟壳外观打造出的蒂芙尼现代灯具。

没有背壳的乌龟形象常会被设计成烟灰缸和花盆等容器。1995 年，阿德里安·费舍尔（Adrian Fisher）在爱丁堡动物园设计了一个由 1600 棵紫杉组成的迷宫，形状像一只加拉帕戈斯海龟。在美国，“龟甲”指的是汽车后部的圆形凸起，或者凸起的障碍物，常放置在十字路口的人行横道上用于引导交通。

在动画片中，乌龟通常以年事已高或者行动缓慢的形象示众，充分体现了这个物种的特性。因此，乌龟的形象在出版物中很受欢迎，比如英国的杂志《老骨头》（*The Oldie*）。该杂志很适合发表老一代人的评论，例如“现在的年轻人，想拥有一切。”在《纽约客》（*New Yorker*）的一幅漫画中，有两只加拉帕戈斯象龟正在交谈：“我当然记得达尔文。不错的家伙。”人们通常会用一只背着一叠文

爱丁堡动物园的达尔文迷宫——“建有喷泉妙趣横生的动物园，用生动实例充分演绎了进化论”。

件的乌龟来讽刺做事拖拉，特别是官场上的拖延症。

贺卡上常有动物的拟人形象，它们通常有着突出的大眼睛，笑眯眯地向人招手。突出的眼珠强调了乌龟的特点，也增加了卡片的销量。关于变老的笑话在生日贺卡上很流行，主要讲的是你除了接受这个事实和充分利用时间之外

人们对乌龟十分喜爱，特别是老年人，它们是最受欢迎的动画主题。

以年龄为主题的贺卡。其左侧的内页写着："什么？你想赶紧变老？！"

博世公司用这只穿着溜冰鞋的乌龟来推销一款洗衣机，借此说明该洗衣机在性能不变的情况下，速度提升了 40%。

什么也做不了。两只小乌龟坐在酒吧的凳子上，雌龟盯着雄龟胸前的龟壳，问了一个很暧昧的问题："去你那儿还是我那儿？"

很多公司的广告中都出现了乌龟的形象。由于这种生物辨识度高，属性多样，因此可将它与多种产品和服务联系起来。艺术家约翰·吉尔罗伊（John Gilroy）于 1936 年为吉尼斯黑啤酒创作了动物系列广告之一："累了就来杯吉尼斯啤酒。" 1951 年，英国运输部电影制片厂为伦敦公交公司制作了一部 12 分钟的新闻影片式电影《你记得吗？》（*Do You Remember?*），该片中有一只叫珀西的乌龟被落在巴士上，以此来号召公众提升失物招领处的使用率。该影片在伦敦电影院放映，其他有需要的团体也可以播放。20 世纪 60 年代，英国戈登 - 基布尔汽车一反常态，使用乌龟作为其高性能汽车的象征，该车型时速可达 135 英里（约

1936 年推出的带乌龟形象的吉尼斯黑啤酒广告。现在乌龟形象仍在酒杯、领章、鼠标垫、明信片和其他物品上出现。

在营销过程中，雪铁龙将其经久不衰的 2CV 车型比喻成乌龟。

217 千米），但糟糕的是，这个宣传影响了销售，随着价格的上涨，销售量却下降了。该车型共生产了 99 辆。尽管如此，这款车还是成了经典车型。从 1949 年至 1990 年生产的雪铁龙 2CV 是一款形象古朴的车型，在该公司广告中这一车型以乌龟的可爱形象示众。2000 年，菲亚特汽车公

罗马有一个文明乌龟物品展，与北非跨地中海地区的野蛮残忍的乌龟贸易形成了鲜明对比。

司也在电视广告中使用乌龟来推销一款汽车。

汽车养护剂是来自富有创新精神的化学家本·赫希（Ben Hirsch）的灵感。他在 1941 年研发出第一款类似产品——普雷斯通液体汽车抛光剂（Plastone liquid car polish）。在 20 世纪 50 年代初，他从威斯康星州贝洛伊特出差返回芝加哥，在穿过龟溪小镇时，注意到自己的产品和乌龟保护壳之间的相似之处，因此将产品和公司名分别改为“超硬壳保护蜡”（Super Hard Shell®）和“龟牌”（TurtleWax®），并以一只快乐闪亮的乌龟作为公司的标志。在 20 世纪 50 年代后期，该公司在其芝加哥的九层总部大楼上竖起了一只“空中乌龟”，这是一座可以进行天气预报的大钟，也是该品牌具有里程碑式的大事件。乌龟仍然是该公司的宣传素材，例如，他们以连环画的形式为公众介绍更多样的汽车护理产品和护理技巧。其始终如一的产品品质已在全球 60 多个国家和地区中获得广泛认可。

英国航空公司有一张海报上写着“属于您自己的客

芝加哥“龟牌”大厦楼顶的乌龟标志，该乌龟还有预报天气的功能。

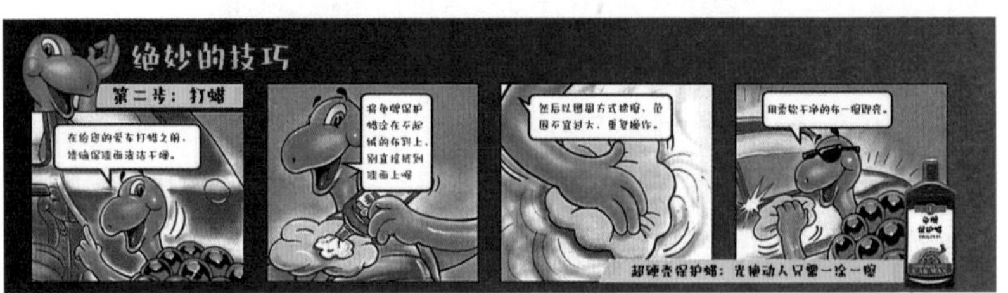

连环漫画中的汽车护理建议。

比利时布鲁塞尔朗贝银行房屋贷款广告，其广告语为“自己的房子，温馨的家”。

舱”。保险公司的广告会使用乌龟来强调承保范围。20 世纪 70 年代，在苏格兰一家综合事故保险公司的广告中，一只乌龟正在劝说另一只乌龟，全险（maxplan）适合家居保险，而高于洪水水位的房子买经济型保险就可以了。投资公司声称，乌龟可以迅速从快速升值的股票形势中挽回局面。在汇丰银行的一则广告中，一只乌龟一边系鞋带一边说：“我想要一笔从长远来看很划算的抵押贷款。”比利时的布鲁塞尔朗贝银行以生动的图片推广住房贷款。1966 年，一家西班牙火柴制造商为了与打火机竞争业务，推出了按字母顺序排列的动物系列火柴盒，其中的“G”就是以加拉帕戈斯象龟作为代表。

电力和乌龟的联系是迂回发展的。阿德曼动画根据各类人群对动物园的评论，用橡皮泥制作了各种动物，并进行配音。一位受访者谈到自己是一个非常忙碌的人，为了保持健康而跑步，这件事激发了人们创作“跑步龟”的灵感。带着防汗带的乌龟弗兰克（Frank the Tortoise），是奥斯卡获奖影片《衣食住行》（*Creature Comforts*）中的明星，受到大众的追捧，电力委员会将这个动画形象作为热电宣传活动的“代言人”。弗兰克给人们留下了深刻的印象，随后它还入选了有史以来最受欢迎的电视广告的前 5 名。在初次亮相 10 年后，它又重返荧屏，同其他近百只动物共同拍摄了 10 分钟的系列电影《衣食住行》。在英国的电视广告中，吉百利的焦糖广告借鉴了龟兔赛跑的寓言故事。广告中兔子输掉了比赛，因为它停下来去品尝吉百利的产品。其竞争对手——雀巢的奇巧巧克力也在广告中使用了乌龟，借此来强调“休息一下”的主题。

英国广播公司的情景喜剧《行将就木》（*One Foot in the Grave*）中讲述了一个古怪的退休老人维克多·梅尔德鲁（Victor Meldrew）的故事。高尔夫俱乐部用乌龟标志来警告会员不要打慢球：“请谨记，您的打球速度决定了这一天您后面每一组的速度。”当地政府将龟用作路标来促进减速慢行，摩托罗拉还将其用到了自产的手机上。1999 年，世界之友的活动人士为乐购捐赠了一只金龟。乐购是英国唯一一家没有承诺禁止转基因食品上架的大型零售商。

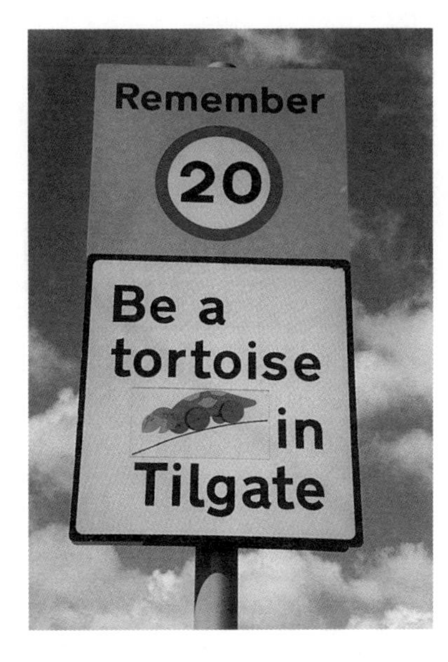

一个提醒慢速行驶的路标。

2000 年在伦敦上映的喜剧电影《与猫王一起烹饪》（*Cooking With Elvis*）受到了人们的质疑。该影片由于报酬没有谈拢，原本一个至关重要的角色需要由一只受过训练的乌龟来扮演，结果没来参演。剧中有一幕是男主角——弗兰克·斯金纳（Frank Skinner）必须抓住从桌子另一端爬过来的乌龟斯坦利（Stanley）。制片人在《英国舞台报》（*The Stage*）上登载广告寻找可以扮演斯坦利的乌龟，雇用斯坦利的报价是每天 270 英镑，除此之外还提供小费、温馨舒适的住宿、“合理的出壳费用”、保险并签订 6 个月的合同。斯坦利的招聘条件之一便是应聘的乌龟要喜欢猫王埃尔维斯·普雷斯利（Elvis Presley）的音乐，但是在试镜时这些乌龟如何展示出对摇滚乐的兴趣却不得而知。候

对于吉兰 - 巴雷综合征（GBS）患者来说，这个首字母缩写通常意味着“慢慢康复”。

选者中有 3 只龟壳光泽鲜亮（用橄榄油保养）的乌龟，其主人宣称这些龟喜欢音乐，因为这 3 只性格活泼的乌龟会在她修整花园时与她一起听广播。但整个选拔过程却只是该剧上映前一个月内进行的宣传噱头。英国皇家防止虐待动物协会出面禁止使用活乌龟进行表演，并强制要求该制片人使用纸板复制品来替代时，这个宣传活动已经结束了。

龟壳上写有 GBS 的乌龟胸章或贴纸跟年迈而睿智的萧伯纳（姓名缩写也是 GBS）没有任何关系。这个形象是来自一只名字叫巴雷（Barry）的乌龟，是根据计算机剪贴画重新绘制而成的标志。该标志最早出现在 1993 年英国吉兰 - 巴雷综合征援助团体新设计的 T 恤上。这种疾病是一种对感染的过敏反应，它会对周围神经系统造成损伤，导致病人四肢无力、身体虚弱，同时还会出现麻木和刺痛感。这些症状可能会一直存在，也可能在治愈一段时间后复发。病人更愿意认为 GBS 代表“慢慢康复”的意思，这三个字母出现在 T 恤上，成为民间一条流传至今的口号。新西兰援助团体也使用了同样的艺术作品表达这一主题。

将乌龟图案印在硬币上已经成为传统。15 先令的伊丽莎白女王硬币上印有一只非写实风格的乌龟正在攀爬棕榈树的图案。大型龟的形象在硬币设计中更受欢迎，加拉帕戈斯象龟形象就曾出现在库克群岛和厄瓜多尔的硬币上；塞舌尔群岛的硬币上是塞舌尔的阿尔达布拉象龟；圣赫勒拿岛备受尊敬的“居民”——乌龟乔纳森的形象也出现在该岛的硬币上。马达加斯加发行的纸币上印有射纹龟；塞舌尔的纸币上印有阿尔达布拉象龟；韩国的纸币上则印有中世纪的龟形战舰。2001 年一只在“一战”期间被海军军官留在当地动物园的阿尔达布拉象龟被任命为海军上将，正式成为德班海军基地的荣誉会员。

同它们的祖先海龟一样，陆龟的形象也经常出现在邮票上，而且频率还要高得多。从俄罗斯联邦北部的阿巴坎，到丹麦、列支敦士登、皮特凯恩群岛以及梵蒂冈城，直至南非的津巴布韦，全球 250 多个国家和地区都发行过乌龟主题的邮票。乌龟可追溯到史前时期，在 1969 年以色列发行的一款邮票上，出现了一只小到几乎肉眼无法发现的乌龟（邮票图案中这只龟正趴在诺亚方舟的舱顶上）。在巴西、土耳其、中国、捷克共和国和美国的电话卡上也曾出现过乌龟的身影。乌龟图案在日本最受欢迎。收藏家们不仅收藏印有乌龟的邮票，同时也会收藏印有乌龟的卡片。

在澳大利亚新威尔士州，戴维 · H. 普赖斯（David H. Price）是“创业龟研究所和创业龟业务”的主要负责人。“野兔”在决定变成“乌龟”之前，一直觉得乌龟没有威胁性，是一种可爱、独特且令人印象深刻的动物。对于乌龟来说，过程比目的地更重要。在他的网站上，他阐明了自己的立场：

> 乌龟战略（The Tortoise Approach）是一个全方位、一体化的过程，旨在为各年龄段的人传授基本的业务技能和知识。总体目标是为个体和组织提供系统性知识技能和服务，提升他们成长和发展的进取精神。这种独特的方法激励人们为自己的未来和所属组织构建并坚守一个美好的愿景。

这听起来像是终身学习。普赖斯认为充满热情的学习应该是因材施教。这是一个有趣的过程，这个过程创建的神经通路会解放双耳之间的大脑，使大脑主动学习。他认为因材施教是传播知识最高效的方法。而这些知识有助于人们掌握技能和形成对事物的态度。自古以来，人们一直将乌龟视为古老智慧的宝库。

在杂志《哪一个？》(*Which?*)所做的宠物调查报告中，乌龟的娱乐价值得分很低，但是很多宠物龟的主人并不认同这个评价。他们认为这些宠物龟有各自的习性，包括有时可以辨认出自己的主人，或者在有人呼唤它们名字时做出回应。作为宠物，它们不像猫和狗那样打扰别人，特别是不会打扰到邻居。在班克斯的一幅漫画中，一对年迈的夫妇坐在前厅，地板上有只龟正在爬，男主人说道：“有趣的是，当它淘气的时候，它总是被指责成是我的乌龟。”

它们对主人要求不苛刻，在夏天的时候它们会自己玩耍，然后便会冬眠。乌龟并不需要过多的护理工作，只需偶尔用油保养一下龟壳，以及修剪一下因远离自然栖息地的粗糙环境而长得过长的指甲。它们以天然的绿色蔬菜为食，饲养成本并不高。它们的生活方式简单而健康，仅在需要进行专科手术时才产生高昂的医疗费。它们常常被吐槽的一点就是它们没法像猫、狗一样表达爱意，即使对自己的孩子也是如此。但是，它们却能接收到人们对它们的爱意，它们很喜欢被人抚摸脑袋和下巴。

历经两亿多年后，乌龟也步入了现代社会。互联网上有很多关于乌龟的网站。有的网站专门介绍特定的乌龟品种，如沙漠陆龟、哥法地鼠龟、射纹龟、红腿象龟等。它们有自己的图库。还有网站提供乌龟饲养的建议、解释说明国际法规以及传达保护工作的进展情况，如美国乌龟救援组织、荷兰和安大略的海龟和陆龟学会、里诺龟类俱乐部等。还有专门抵制走私的网站，其中有一个网站恰如其分地起名为“慢行者”。两亿多年后，这种生物依然行动缓慢，但步伐依然笃定，有越来越多的朋友在关心和保护它们。与其他宠物一样，它们或许也会有一份自己的权利法案。同时，乌龟还拥有自己的国际节日，即每年的 5 月 23 日的世界海龟日，这一天也是瑞典植物学家和分类学家卡尔·林奈（Carolus Linnaeus）（1707—1778 年）的生日，他开创了动植物的现代科学分类法。庆祝世界海龟日的主要目的是为了增强人们保护海龟、陆龟及其自然栖息地的意识。

乌龟的时间线

约公元前 2.25 亿年	约公元前 2 亿年	公元前 1200—1045 年	《旧约圣经》
爬行动物时代出现了第一批海龟和陆龟。海洋中出现了海龟，并逐渐进化为陆龟。	随着大陆漂移，盘古大陆开始分裂，从而造就了不同生活环境中的不同龟种。	中国使用龟甲进行占卜。	据《利未记》记载，乌龟是一种“不洁的爬行物”。

约公元前 300 年	约公元前 80 年	公元 4 世纪	1420 年	16—18 世纪
《博伽梵歌》引用乌龟作为冥想示例。	罗马工匠卡维里乌斯·波利奥用龟甲装饰物品。	圣杰罗姆认为龟之所以行动缓慢是因为背负着沉重的罪恶。	据说北京天坛是建在活龟上面，人们认为这些活龟可以存活 3000 年，并且可以防止木材腐烂。	水手们捕食乌龟。

1835 年	1878 年	1918 年	20 世纪 30 年代
达尔文在加拉帕戈斯群岛观察到了乌龟的个体差异。	在比利时地下 322 米的深处发现了乌龟化石和禽龙化石。	1766 年从阿尔达布拉环礁进口到毛里求斯的马里恩龟去世，这只龟是有记载的最长寿的乌龟。	人们开始重视对乌龟的保护。龟的个性特征开始应用于广告宣传。

公元前 6 世纪末	公元前 625—前 600 年	约公元前 500 年	约公元前 450 年
《伊索寓言》收录“龟兔赛跑”的故事。	欧洲发行首批贸易硬币——埃伊纳岛银币，硬币上有龟的图案。	阿喀琉斯和乌龟的芝诺悖论 $\frac{10d}{t}=\frac{100+d}{t}$	乌龟在儒家经典《论语》中是长寿的象征。

1643 年	17 世纪	18 世纪	1789 年
“矮胖子”是只乌龟吗?“矮胖子”=乌龟?	意大利广场上的乌龟雕塑。对加尔文主义的基督教徒来说，乌龟象征着婚姻中的“贤淑”。	镶嵌龟甲的布尔家具在法国和其他地区开始盛行。	吉尔伯特·怀特在《塞尔伯恩博物志》记录了他继承的乌龟——蒂莫西。

20 世纪 50 年代	1959 年	1983 年	1984 年	2002 年
在苏联的核威胁事件中，卡通乌龟伯特向美国民众普及“卧倒并掩护”的生存常识。	加拉帕戈斯群岛查尔斯·达尔文基金会成立。	特里·普拉切特《碟形世界》系列小说的第一部——《魔法的颜色》出版，该书是基于“乌龟背负着世界”这个古老的神话传说而创作的。	欧洲经济共同体禁止进口 3 种地中海乌龟。	世界龟类信托组织成立。 5 月 23 日定为“世界海龟日”，这一天也是林奈的生日。

致谢及其他

感谢各位对这项探究龟文化历史的开创性项目给予的大力支持。感谢我的乌龟蒂米给我的灵感。朋友和挚交为我提供大量信息、插图和建议，帮助我在多样化的主题中探索更多知识。以下致谢列表如有遗漏，深表歉意。

我对以下各位表示诚挚的谢意：芭芭拉·阿布斯、凯思·鲍德温、让·贝茨、汤姆·伯顿、扬·克里埃耶、布莱恩·丹尼斯、罗莎琳·菲亚姆、杰克·菲茨帕特里克、玛丽·弗林、汤姆·弗林、伊恩和玛丽亚·福勒、菲利普·格里森、亚当和莫妮卡·盖伊、帕特·霍珀、安娜·约翰斯顿、菲利普·奈特斯、劳伦斯·朗、皮帕·洛德、彼得·洛夫西、比尔·麦克米兰、妮娜·马尔姆、海伦娜·马丁诺娃、道格拉斯·马修斯、弗吉尼亚·蒙森、克里斯·穆伦、马格丽和彼得·纳什、克里斯蒂娜·尼伊特拉伊、菲利普·皮尔斯、特里·奎因、伊恩和珍妮·瑞维尔、皮娜·斯卡拉。

感谢以下机构提供的帮助：德国驻英大使馆和泰国驻英大使馆；大英图书馆；剑桥公共图书馆、克劳利公共图书馆和克里登公共图书馆；意大利文化研究所图书馆、剑桥大学、哈佛大学物业信息资源中心、苏塞克斯大学、剑桥大学冈维尔与凯斯学院、伦敦图书馆、伦敦大学亚非学院；大英博物馆、布斯自然历史博物馆、比利时皇家自然科学研究所、自然史博物馆、韦克菲尔德博物馆和艺术馆；布莱顿文化档案馆；英国吉兰-巴雷综合征援助团；牛津大学奥里尔学院；英国皇家防止虐待动物协会；英国乌龟信托组织；国际野生物贸易研究委员会和美国新闻处等。

参考书目

相关机构和网址

图片版权声明